教育部人文社会科学研究基金青年项目资助"利益相关者参与自然保护区共管机制研究" 20YJC630233

利益相关者参与自然保护区共管机制研究

周丹 著

中国经济出版社
CHINA ECONOMIC PUBLISHING HOUSE
北京

图书在版编目（CIP）数据

利益相关者参与自然保护区共管机制研究／周丹著.
北京：中国经济出版社，2025.8. -- ISBN 978-7-5136-
8288-6
Ⅰ.S759.992
中国国家版本馆 CIP 数据核字第 20250Z6D00 号

责任编辑　曹　娅
责任印制　李　伟
封面设计　李　萌

出版发行	中国经济出版社
印 刷 者	北京捷迅佳彩印刷有限公司
经 销 者	各地新华书店
开　　本	710mm×1000mm　1/16
印　　张	12.25
字　　数	169 千字
版　　次	2025 年 8 月第 1 版
印　　次	2025 年 8 月第 1 次
定　　价	68.00 元

广告经营许可证　京西工商广字第 8179 号

中国经济出版社 网址 http://epc.sinopec.com/epc/ 社址 北京市东城区安定门外大街 58 号 邮编 100011
本版图书如存在印装质量问题，请与本社销售中心联系调换（联系电话：010-57512564）

版权所有　盗版必究（举报电话：010-57512600）
国家版权局反盗版举报中心（举报电话：12390）　服务热线：010-57512564

摘 要

利益相关者参与自然保护区的共管，有助于缓解周边社区开发利用保护区的自然资源与保护管理之间的矛盾冲突。为更好地理解自然保护区的利益相关者，本研究调查了案例保护区的利益相关者及其关系，评价了我国自然保护区的可持续性，建构了利益相关群体参与保护区共管的机制，试图为应对我国当前自然保护区管理中存在的问题与"十四五"规划纲要中提出的"建设人人有责、人人尽责、人人享有的社会治理共同体"提供政策依据。

第一，利用信息可视化软件，对1987—2018年自然保护区与资源管理中利益相关者研究的文献进行了共被引分析，得到主要知识集群的研究热点包括自然资源管理、使利益相关者预期一致、情景分析、利益相关者观点的应用、描述利益相关者的认知与多国研究6个方面。基于文献，结合人类生态系统概念组分、人与自然耦合系统的复杂性原理、利益相关者分析方法与社会—生态系统概念框架，建立利益相关者参与自然保护区共管的分析框架。

第二，梳理自我国第一个自然保护区建立以来的四个政策发展时期：1956—1984年的建立萌芽时期、1985—1997年的稳步发展时期、1998—2014年的多元增长时期与2015年以来的改革创新时期，发现我国自然保护区的政策演进呈现"政策发布—科研管理实践—归纳存在问题—推陈出新"的螺旋式上升特征，政策实施推动了自然保护区的发展以及群众工作始终是政策内容的一部分。

第三，以河南伏牛山国家级自然保护区老君山辖区（以下简称"老君山保护区"）为例，运用自上而下分析和自下而上"滚雪球"抽样（snowball sampling）相结合的方法，调查并确定了老君山保护区的利益相关者。通过分析利益相关者利益影响关系的社会网络，得到在网络中开发旅游资源的景区居于核心地位，对其他利益相关者的控制程度较高；保护区管理局作为自然资源和生态环境保护的职能部门，在与景区重叠区域的控制权受限，处于半核心地位；其他利益相关者对关系网络的影响较小，与各群体间关系松散；在一定程度上，利益相关者在关系网络中的地位随着距离增加而降低，随着在保护区中活动增多而升高。本研究得出了基于利益相关者的保护区运行的失衡现状，并推演了由保护管理、社会进步及经济发展共同支撑自然资源可持续发展的均衡模型，探讨了实现均衡运行的途径为转变利益相关者从对立到合作的关系、从弱反馈到强有力的支持以及长期研究的支持。

第四，运用社会—生态系统理论框架，制定了我国自然保护区可持续性评价的指标体系，运用熵值法与障碍度模型分析了系统运行的可持续性水平及其影响因素。结果得到：在社会—生态系统中，社会、经济与政策环境，行动者，资源系统与治理系统主要贡献了自然保护区可持续性水平的得分；从指标来看，影响可持续性的主要因素为人口增长率、研发投入占GDP比重、森林覆盖率、水资源总量变化率、年发布政策数量。并且进一步分析了社会、经济与政策环境，资源系统与资源单位，治理系统与行动者子系统对系统运行以及系统运行结果对子系统的反馈作用机理。

第五，调查了利益相关者参与老君山保护区共管的意愿，了解到利益相关者参与共管的程度较低，决策权集中在管理机构和相关政府部门，大多数利益相关者不了解共管，保护区没有建立利益群体有效参与的共管部门；但是大部分的利益相关者已经认识到群体间关系良好有利于社会、经济和环境的共赢，并且愿意参与保护区的共管。

第六，基于以上利益相关者分析、可持续性评价以及参与共管意愿的调查，本书建构了利益相关者参与自然保护区的共管机制，搭建了利益相关者参与保护区共管的平台——自然保护区的共管委员会，并提出了该平台简化的可持续结构。在实际应用中，需要明确各群体权利责任和利益分配，不断转变其共管意识，提高半核心与边缘利益相关者的影响力，鼓励更多的群体参与自然保护区的共管。同时，制定政策赋予群体合理的知情权、参与权、决策权和监督权，提高保护区管理机构的管理权限，控制开发群体行为，以保障共管良好运行，达成自然保护区资源、经济和社会可持续发展的目标。

关键词：自然保护区；利益相关者分析；社会—生态系统；可持续性评价；共管机制

目 录 CONTENTS

第1章 绪论 ·· 1
1.1 研究背景及问题 ·· 1
1.2 研究目的及意义 ·· 2
1.2.1 研究目的 ·· 2
1.2.2 研究意义 ·· 2
1.3 国内外研究现状 ·· 3
1.3.1 研究方法与数据来源 ···································· 3
1.3.2 知识图谱分析 ··· 6
1.3.3 研究述评 ··· 16
1.4 下一步研究的问题 ·· 17
1.5 研究内容与方法 ··· 19
1.5.1 研究对象 ··· 19
1.5.2 主要内容 ··· 19
1.5.3 研究思路 ··· 21
1.5.4 研究方法 ··· 22
1.6 创新点 ··· 23

第 2 章 利益相关者参与自然保护区共管研究的理论基础 …… 24

2.1 人类生态系统理论 …… 24
2.1.1 人类生态系统的定义 …… 24
2.1.2 人类生态系统的主要组分 …… 26
2.1.3 人类生态系统概念模型的借鉴意义 …… 30

2.2 人与自然耦合系统的复杂性理论 …… 30
2.2.1 人与自然耦合系统的复杂性在不同范围的表现 …… 30
2.2.2 人与自然耦合系统的复杂性的借鉴意义 …… 33

2.3 社会—生态系统理论 …… 33
2.3.1 社会—生态系统框架概念 …… 33
2.3.2 社会—生态系统主要组分定义 …… 36
2.3.3 社会—生态系统理论框架的借鉴意义 …… 38

2.4 利益相关者分析的理论 …… 39
2.4.1 利益相关者的概念 …… 39
2.4.2 利益相关者分析的方法 …… 40
2.4.3 利益相关者分析的借鉴意义 …… 41

2.5 利益相关者参与自然保护区共管的分析框架 …… 42
2.5.1 自然保护区利益相关者的分析 …… 42
2.5.2 利益相关者参与自然保护区社会—生态系统的运行机理分析 …… 43
2.5.3 利益相关者参与自然保护区共管机制的建构 …… 44

第 3 章 我国自然保护区管理向利益相关者参与转变的现实需求 …… 45

3.1 我国自然保护区政策演变历程 …… 45
3.1.1 1956—1984 年：建立萌芽时期 …… 45
3.1.2 1985—1997 年：稳步发展时期 …… 49
3.1.3 1998—2014 年：多元增长时期 …… 51

  3.1.4 2015年以来：改革创新时期 …………………………………… 60
 3.2 我国自然保护区政策演进对资源保护的规律性特征 ……………… 65
  3.2.1 政策演进呈现螺旋式上升特征 …………………………………… 65
  3.2.2 政策实施推动了自然保护区的发展 ……………………………… 68
  3.2.3 群众工作始终是政策内容之一 …………………………………… 69
 3.3 总结与讨论 ……………………………………………………………… 71

第4章 自然保护区利益相关者的分析 …………………………………… 72
 4.1 案例保护区简介 ………………………………………………………… 73
 4.2 利益相关者分析 ………………………………………………………… 74
  4.2.1 调查方法 …………………………………………………………… 74
  4.2.2 利益相关者的界定 ………………………………………………… 75
  4.2.3 利益相关者的分类 ………………………………………………… 76
  4.2.4 利益相关者的社会网络分析 ……………………………………… 78
  4.2.5 利益相关者的相互关系分析 ……………………………………… 87
 4.3 基于利益相关者自然保护区均衡运行模型的建立 ………………… 91
 4.4 自然保护区均衡运行的实现途径 ……………………………………… 96
  4.4.1 对立向合作关系的转变 …………………………………………… 97
  4.4.2 弱反馈到有力支持的转变 ………………………………………… 98
  4.4.3 长期研究的支持 …………………………………………………… 99

第5章 自然保护区社会—生态系统可持续运行的机理分析
 ………………………………………………………………………………… 100
 5.1 可持续性评价的研究现状 ……………………………………………… 100
 5.2 自然保护区社会—生态系统指标体系建构 ………………………… 103
 5.3 自然保护区社会—生态系统可持续性评价 ………………………… 106
  5.3.1 熵值法 ……………………………………………………………… 106
  5.3.2 数据来源 …………………………………………………………… 107

5.3.3 子系统发展水平评价 ……………………………… 108
5.3.4 系统可持续性水平综合评价 ………………………… 111
5.4 自然保护区社会—生态系统运行的障碍因子分析 ………… 112
5.4.1 障碍度模型 …………………………………………… 112
5.4.2 子系统障碍因子分析 ………………………………… 112
5.4.3 指标层障碍因子分析 ………………………………… 113
5.5 自然保护区社会—生态系统运行的机理分析 ……………… 116
5.5.1 社会、经济与政策环境对系统运行的影响 ………… 116
5.5.2 资源系统与资源单位对系统运行的影响 …………… 117
5.5.3 治理系统对系统运行的影响 ………………………… 118
5.5.4 行动者对系统运行的影响 …………………………… 119
5.5.5 行动情境对其他子系统的反馈作用 ………………… 119

第6章 利益相关者参与自然保护区共管机制建构及政策保障 …………………………………………………… 121

6.1 利益相关者参与自然保护区共管意愿的调查分析 ………… 121
6.1.1 样本特征分布 ………………………………………… 121
6.1.2 利益相关者参与自然保护区共管的意愿程度 ……… 122
6.2 利益相关者参与自然保护区共管机制建构 ………………… 125
6.2.1 社会、经济与政策资源的输入机制 ………………… 125
6.2.2 利益相关者的参与机制 ……………………………… 127
6.2.3 自然保护区的冲突缓解机制 ………………………… 128
6.2.4 自然保护区系统运行结果的反馈机制 ……………… 129
6.3 利益相关者参与保护区共管的平台搭建 …………………… 130
6.3.1 共管平台的建立 ……………………………………… 130
6.3.2 共管平台的结构分析 ………………………………… 131
6.4 实际应用探讨 ………………………………………………… 133
6.4.1 明确各群体权责和利益分配 ………………………… 133

6.4.2 转变各利益群体的共管意识 …………………………………… 134
6.4.3 提高利益相关者的影响力 …………………………………… 135
6.4.4 鼓励更多群体参与保护区共管 ……………………………… 136
6.5 政策保障 …………………………………………………………… 137

第7章 研究结论及展望 …………………………………………… 140
7.1 研究结论 …………………………………………………………… 140
7.2 未来展望 …………………………………………………………… 143

参考文献 ………………………………………………………………… 144
附录 老君山保护区利益相关群体关系的调查问卷 ……………… 181

第1章 绪论

1.1 研究背景及问题

自 1956 年我国第一个自然保护区建立以来,自然保护区的数量和面积迅速增长,在自然资源和生态系统保护方面发挥了积极的作用。截至 2019 年底,全国共建立以国家公园为主体的各级各类保护地逾 1.18 万个,2023 年全国各级各类自然保护区总面积占陆域国土面积的 18%。同时,周边居民和企业开发保护区内资源的行为增多,导致资源管理和利用之间的矛盾加剧。2020 年,国家级自然保护区新增或规模扩大的采矿采砂、工矿企业、旅游设施和水电设施 4 类重点问题线索共 391 处,总面积为 2.36 平方千米。由于人员与技术资金投入不足、多部门联合执法效率较低等,保护区管理机构在解决上述矛盾方面存在一定的局限性。于是,由此造成的生态系统恶化削弱了自然保护区的功能,降低了自然保护区管理的有效性。《中共中央关于制定国民经济和社会发展第十四个五年规划和二〇三五年远景目标的建议》提出要"实现政府治理同社会调节、居民自治良性互动,建设人人有责、人人尽责、人人享有的社会治理共同体。发挥群团组织和社会组织在社会治理中的作用,畅通和规范市场主体、新社会阶层、社会工作者和志愿者等参与社会治理的途径"。因此,为改善上述问题,更好地理解自然保护区的利益相关者及其关系,需要深入了解与保护区相关的利益群体、机构和个人。本研究运用自上而下和自下而上相结合的方法确定利益相关者，通过社会网络分析的方法了解利益相关者的利益影响关系和网络结构，评价当前自然保护区运行的机理，建构利益相关者参与自然保护区共管的机制，从而形成"共治共享"的可持续发展格局。

1.2 研究目的及意义

1.2.1 研究目的

首先，深入理解自然保护区利益相关者之间的关系，探讨自然保护区社会经济与生态系统间的相互作用，构建利益相关者参与共管的机制，为以后的研究提供理论参考。其次，以更广泛的视角看待自然保护区中的利益相关群体，理解和改善当地社会经济发展与资源保护之间的冲突，转变利益相关者之间的关系，为提升自然保护区管理的水平，实现资源保护与社会经济的和谐共赢提供政策依据。

1.2.2 研究意义

理论意义：①利益相关者的参与鼓励所有影响自然保护区或受自然保护区影响的群体和个人加入共管，拓宽了自然保护区管理的研究对象；②考察自然保护区的利益相关者，有助于深入了解不同群体间相互作用的关系网络；③利益相关者参与共管的机制研究可以丰富我国自然保护区管理的理论。

现实意义：①关注自然保护区中的利益相关者，有助于缓解我国自然保护区管理中资源利用和保护之间的矛盾，是实现自然保护区可持续发展的有效途径；②在理论框架下分析利益相关者之间的关系，对利益相关者参与共管的应用实施及政策制定具有重要的指导意义；③研究利益相关者参与保护区共管的机制，有助于增强管理机构和其他群体的保护意识与管理意识，实现乡村资源管理重心的下移，提高自然保护区整体的管理水平。

1.3 国内外研究现状

在国际上，自然保护区出现以后的很长一段时间里主要从生态学及工程治理的领域进行管理。20世纪60年代，产业发展导致的环境恶化唤醒了公众的环境意识，研究者开始从人类与环境相互关联的角度理解自然与社会经济系统的功能，也逐渐认识到需要将人类与自然系统视为一个整体来管理自然资源，从而达到可持续的结果。1992年，联合国环境与发展会议正式将利益相关者参与管理决策作为可持续发展的准则。利益相关者在自然保护区管理中的参与，不仅可以推动自然保护区和当地利益相关者的整合，还能减少彼此之间的冲突和消极影响。因此，自然保护区的参与式管理在世界范围内发展起来。

接下来，本研究将利用信息可视化方法分析自然保护区管理中利益相关者研究的文献，找出研究的热点问题，梳理主要文献的研究领域、方法和观点，为我国自然保护区管理中利益相关者及其参与的理论与实践研究提供可借鉴的经验和方法。

1.3.1 研究方法与数据来源

文献共被引分析是一种通过文献之间的结构关系反映学科主题之间联系的科学计量方法，当多篇文献被其他文献共同引用时就形成了多种复杂的网络或聚类关系。本研究采用美国德雷塞尔大学陈超美教授开发的信息可视化软件 Cite Space 5.3.R4 版本，对"Web of Science 核心合集"的文献数据进行计量分析，每一条数据主要记录文献的作者、题目、摘要和引文等信息。自然保护区在不同文献中有"nature reserve"和"protected area"两种表达方式，而在国际上，一些国家公园也具有自然保护区的功能，其他如水资源、湿地、森林景观等自然资源管理的研究也长期关注利益相关者。于是,将国家公园管理与自然资源管理也纳入检索范围,以"nature reserve management""protected area management""natural resource management""national park management"为主题词,并以"stakeholder"为题名进行文献检索,检索年份限定为1987—2018年,语种为英语,文献类型为"文章""综述"或者"书",筛选后得到的文献数量共计803篇。

在检索得到的自然保护区与资源管理的文献中有关利益相关者研究的第一篇文献出现于1996年,如图1.1所示。直到2001年,文献数量增长依旧缓慢,从2002年开始,每年出版的文献数量逐渐增多,2002年、2005年、2008年、2012年、2015年和2018年的文献数量分别为15篇、18篇、34篇、55篇、91篇和102篇,呈现每3年左右为一个时期的阶梯式增长。这说明研究存在周期,需要长期的调查分析作为基础,同时,随着关注度的提升,研究热度持续增高。

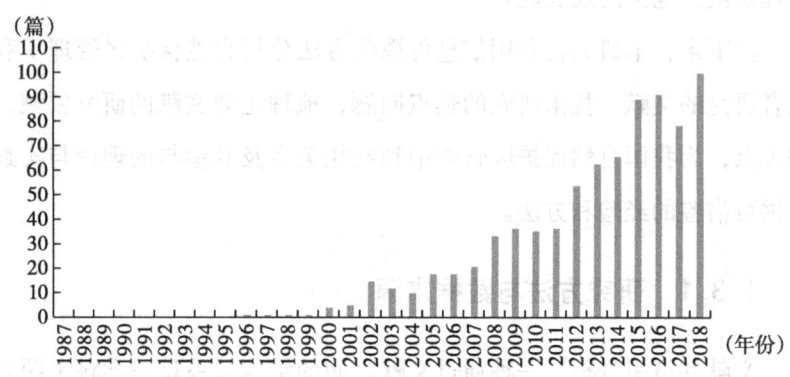

图1.1 1987—2018年自然保护区与资源管理中利益相关者研究的文献数量

在期刊来源方面,研究的文献数据共来源于281种期刊,表1.1选取了发表文献数量在9篇及以上的主要来源期刊。其中,文献数量最多、被引频次最高的为 Journal of Environmental Management(《环境管理杂志》,被引频次为2009次),是环境管理领域最为相关、影响力较高的期刊,研究领域为环境科学与生态。文献数量超过30篇的期刊有 Environmental Management(《环境管理》,被引频次为585次)、Land Use Policy(《土地利用政策》，被引频次为692次）和 Ocean Coastal Management（《海洋海岸管理》，被引频次为619次），研究领域分别为环境科学与生态，环境科学与生态，海洋学、水资源。其他相关性较高、影响力较大的期刊如 Ecology and Society（《生态与社会》，被引频次为407次）、Environmental Science Policy（《环境科学政策》，被引频次为197次）、Ecological Economics（《生态经济》，被引频次为865次）和 AMBIO（《人类环境杂志》，被引频次为116次），主要关注环境科学、生态学、经济学、商业与工程领域。另外，Biological Conservation（《生态保护》）虽然刊载文献数量只有9篇，但是被引频次为1530次，说明该期刊文献受认可程度较高。由以上分析可以看出，以往文献通过利用环境科学、生态学、公共管理、国际关系、社会生态学、经济学与工程技术等学科的知识，研究了涵盖土地利用、海洋、水资源、生物多样性等领域的问题。因此，在上述领域管理自然保护区与自然资源均需关注利益相关者。

表1.1 主要来源期刊信息

序号	来源期刊	研究领域	文献数量（篇）	被引频次（次）
1	Journal of Environmental Management	环境科学与生态	49	2009
2	Land Use Policy	环境科学与生态	32	692
3	Environmental Management	环境科学与生态	32	585
4	Ocean Coastal Management	海洋学、水资源	31	619
5	Society Natural Resources	发展研究、环境科学与生态、公共管理、社会生态	19	537
6	Ecology and Society	环境科学与生态	19	407
7	Marine Policy	环境科学与生态、国际关系	16	173
8	Environmental Science Policy	环境科学与生态	13	197
9	Sustainability	科学与技术、环境科学与生态	13	97
10	Ecological Economics	环境科学与生态、商业与经济	11	865

续表

序号	来源期刊	研究领域	文献数量（篇）	被引频次（次）
11	AMBIO	工程、环境科学与生态	10	116
12	Journal of Sustainable Tourism	科学与技术、社会科学	10	261
13	Biological Conservation	生物多样性与保护、环境科学与生态	9	1530

1.3.2 知识图谱分析

运用信息可视化软件对文献进行分析，得到文献共被引分析的知识图谱聚类集群，如图1.2所示。忽略节点过少的集群，本研究将对#0～#4和#6集群研究的热点进行分析，对各聚类集群的主要节点文献的方法、问题和观点进行综述。

图1.2 自然保护区与资源管理中利益相关者研究的知识图谱聚类集群

(1) 自然资源管理

#0 聚类集群的研究热点是自然资源管理，主要运用文献分析、理论分析、案例分析、调查问卷、访谈法与社会网络分析的单一或多种综合的方法，分析了自然保护区与资源管理中的利益相关者，包括定义利益相关者、分析利益相关者的步骤和方法、理解利益相关者之间的相互作用以及利益相关者参与管理的效果，如表1.2所示。

表1.2 #0 聚类集群主要文献的研究方法及问题

文献	研究方法	研究问题
Reed 等	文献分析、案例分析	利益相关者的定义、利益相关者分析步骤及方法、农村土地利用项目的应用
Haigh 和 Griffiths	理论分析	强调利益相关者的广义定义
Reed 和 Curzon	文献分析	利益相关者参与的定义、确定利益相关者分析的过程、比较利益相关者分析方法的特点
Ramos 等	案例分析、GIS（地理信息系统）、半结构问卷访谈、研讨会、大范围调查问卷、二手数据分析	确定利益相关者群体、对利益相关者在项目不同阶段的参与程度进行分类、确定利益相关者的影响程度
Prell 等	案例分析、GIS、社会网络分析	确定主要利益相关者及其作用、边缘利益相关者及其作用
Alt 等	文献分析、多国线上调查问卷	利益相关者的高水平分享模式
Benn 等	理论分析	治理环境风险的传统管理理论、利益相关者理论、提出基于过程的治理方法
Mok 等	文献分析	特大项目中管理利益相关者的方法
Heidrich 等	案例分析、观察法、访谈法	分析企业废弃物管理的利益相关者、评价其影响水平
Lienert 等	案例分析、半结构访谈、"滚雪球"抽样、调查问卷、社会网络分析	水资源基础设施规划进程的利益相关者分析、按不同部门和层级对利益相关者的分类分析

续表

文献	研究方法	研究问题
de Nooy	案例分析、社会网络分析	分析六类自然资源管理体系、利益相关者的交流使管理目标一致
Carr	理论分析、案例分析	流域管理中利益相关者参与、决策水平的理论框架、冲突与合作进程的参与概念模型化

利益相关者的概念起源于商业管理,目前广泛应用于环境管理领域。其最早的定义由 Freeman 在 1984 年提出,他认为利益相关者是"任何能影响或受企业目标达成影响的群体和个人"。Friedman 与 Miles 分析了过往文献中提到的 55 个有关利益相关者的不同定义,Freeman 的定义仍被认为是最合适的。利益相关者分析的过程可以归纳为:①确定利益相关者;②区分利益相关者并分类;③调查利益相关者之间的关系。这里强调利益相关者的广义定义,包括生物与非生物的整体,如自然资源、人类群体和个人均属于利益相关者的范畴。Reed 和 Curzon 综合对比了不同利益相关者分析方法的优缺点,如表 1.3 所示。

表1.3 利益相关者分析方法的优缺点

步骤	方法	描述	优点	缺点
1. 确定利益相关者	小组讨论	利益相关者小组讨论其利益、影响、其他属性并分类	快速提高效率、适应性强、可能通过利益相关者的同类别达成群体一致、尤其适用于讨论复杂性的问题	比其他方法缺乏结构性
	半结构问卷	跨部门利益相关者的调查问卷检查或补充小组讨论的数据	适用于对利益相关者关系的深入观察、对小组讨论的数据进行分析	耗费时间、成本高、很难对利益相关者分类达成一致
	"滚雪球"抽样调查	对最初利益相关者类别的个体进行调查问卷、确定新的利益相关者群体并联系	容易进行采访	抽样可能偏向于社会网络中首个个体的观点

续表

步骤	方法	描述	优点	缺点
2. 区分利益相关者并分类	利益—影响矩阵	将利益相关者的利益和影响置于矩阵中	可能给利益相关者进入的优先权、使权力与目的清晰	权力化可能使某些群体边缘化、根据利益和影响假设对利益相关者进行分类
	激进的交互性	用"滚雪球"抽样确定脆弱的利益相关者、发展其关注利益的策略	确定可能被忽视的利益相关者及其问题,并最小化风险	消耗时间、成本高
	由利益相关者主导的利益相关者分类	利益相关者将自身分类成其定义的类别	基于利益相关者的观点分类	受访者可能将不同的利益相关者置于相同的类别,使分类无意义
	Q方法论	利益相关者分类的观点来源于群体同意的程度,通过分析确定群体	能够确定围绕同一问题的群体,通过在这些群体中的"适应"对个体进行分类	不能确定所有可能的群体,只能确定问卷体现的利益相关者
3. 调查利益相关者之间的关系	角色关联矩阵	在二维表中绘制利益相关者,用代码描述他们之间的关系	容易看出相关性	如果描述了很多关联关系,则可能使分析变得困惑
	社会网络分析	运用结构性问卷确定利益相关者的网络,测量利益相关者之间的关系联结	了解利益相关者的网络边界与网络结构,确定有影响的利益相关者与外围利益相关者	耗时,问卷对受访者有点儿冗长,需要专家参与
	知识图谱	与社会网络分析结合使用、用半结构问卷确定相互影响与知识	确定利益相关者合作良好与权力均衡	由于拥有知识类型不同,不能满足知识需求

对利益相关者的相互作用和影响研究发现,部分利益相关者的利益会在参与自然资源管理的过程中受损,利益相关者的高水平分享模式可以促进资源管理的结果。在利益相关者的社会网络分析中发现,利益相关者之间的强联系是重要的,而弱联系将网络中分离的部分整合到一起,也是网

络中的关键角色,中心化的交流网络易导致利益相关者的共管体系在群体间产生不一致的观点和决策,应在不同参与者之间建立交流联结。因此,综合运用利益相关者分析、调查问卷与社会网络分析为社会、政治与技术领域提供深入的观点和建议非常重要。

(2) 使利益相关者预期一致

#1聚类集群研究关注的是如何使利益相关者预期一致,主要运用文献分析、案例分析、调查问卷、二手数据资源与政策分析等方法,研究了利益相关者参与框架的实施、利益相关者参与管理的评价、利益相关者参与决策与社会化学习的过程,如表1.4所示。

表1.4 #1聚类集群主要文献的研究方法及问题

文献	研究方法	研究问题
Luyet 等	文献分析、案例分析	实施利益相关者参与的理论框架、分析过程应用的方法、评价框架应用到河流恢复的优缺点
Schwilch 等	案例分析、调查问卷、访谈法、研讨会	利用多领域知识确定可持续土地管理的利益相关者、评价利益相关者、选择利益相关者的决策
Davies 和 White	文献案例分析、访谈法、参与观察、调查问卷、研讨会报告、二手数据资源、政策分析	定义自然资源治理的合作、对比分析利益相关者合作的方法、作用与责任、价值与目标、交流与信任、能力与资源、学习调整
Muro 和 Jeffrey	文献分析、案例分析、调查问卷	定义参与式水资源管理的社会学习、评价学习的环境和过程

利益相关者参与是增强资源管理、达成一致目标的合适方法。Luyet等提出了利益相关者参与的理论框架,从信息获取到咨询、合作、共同决策以及赋权五种由低到高不同参与程度所采用的参与方法,包括新闻通讯、报告、访谈、问卷、研讨会、参与式制图、小组讨论与情景分析等,如表1.5所示。Schwilch等运用利益相关者三步参与式方法:①确认环境问题的当前与潜在解决途径;②采用标准化问卷评价解决途径;③选择最合适的实施策略取消利益相关者参与过程中的不一致行为。Davies与White认

为利益相关者的合作治理也是一种参与形式，可以共同产出目标与决策、共享责任和资源；而且，合作治理有利于减少成本，使跨组织和范围的决策更加便利，还可协调利益相关者的权利和义务，定义目的趋同的利益相关者的价值观和目标。Muro与Jeffrey认为，公众参与逐渐将自然资源管理活动转变为利益相关者、资源管理者与政策制定者的互动学习平台，并最终影响对可持续资源管理的贡献程度。

表1.5 实现参与程度由低到高可采用的方法

参与方法	参与程度（低→高）				
	信息获取	咨询	合作	共同决策	赋权
新闻通讯	√				
报告	√				
展示/公众听证会	√	√	√		
网页	√				
访谈/问卷/调查	√	√	√		
实地考察与相互作用	√	√	√		
研讨会		√	√	√	√
参与式制图			√	√	√
小组讨论		√	√		
公民陪审团			√	√	
地理空间/决策支持系统	√	√	√		
认知图	√	√	√		
角色扮演			√	√	√
多标准分析			√	√	
情景分析		√	√	√	√
共识会议		√	√	√	

（3）情景分析

#2聚类集群研究集中于利益相关者参与自然保护区与资源管理效果的情景分析，主要运用文献分析、理论分析、案例分析、调查问卷、访谈、小组讨论与情景分析相结合的方法，研究了利益相关者参与的需求、冲突、相互作用与参与的理论框架，并对参与管理自然资源的不同状况进行

模拟和评价,如表1.6所示。

表1.6 #2 聚类集群主要文献的研究方法及问题

文献	研究方法	研究问题
Carr	理论分析、案例分析	流域管理中利益相关者参与、参与决策水平的理论框架、冲突与合作进程的参与概念模型化
Aceves-Bueno 等	文献分析、案例分析	提出成功的适应性管理标准、评价公众参与的适应性管理案例
Wilhelm-Rechmann 等	案例分析、调查问卷、访谈	调查土地利用规划中利益相关者的生态中心程度
Soste 等	案例分析、文献分析、情景分析、研讨会	阐述利益相关者所有权属性、项目治理和参与过程的概念框架、评价利益相关者所有权水平
Aggestam	案例分析、调查问卷、访谈	调查管理者的价值观、评价管理者对决策的影响与利益相关者的参与
Aggestam	案例分析、问卷法、访谈、小组讨论	湿地恢复与人类的相互作用和影响、评价利益相关者的价值和偏好
Keeler 等	案例分析、现状分析、调查问卷	水资源治理现状、利益相关者的需求和偏好、模拟4种水治理的情景分析

利益相关者参与是自然资源适应性管理的内在动力,而参与不足降低了管理的有效性。可以用新生态范式量表调查参与者的生态中心程度,即他们支持亲自然观点的程度,通过问卷设计体现5个方面的环境理念:①全球人口增长极限;②自然平衡;③反人类中心主义;④人类豁免主义范式;⑤可能的生态危机。Soste 等模拟了灌溉用水的4种情景,认为在评价利益相关者参与的概念框架中应考虑利益相关者的所有权,这一概念包括表达权及其途径、环境收益的所有权、在利益相关者之间水平与垂直分布所有权。通过明确参与者的目的、扩大利益相关者涉及的范围、提高社会政治支持、共享信息与资源以及改善参与氛围等方式,提高利益相关者的所有权水平。

在管理利益相关群体和制定措施激励其参与时,管理者通常必须驾驭由参与者、决策机构及各种问题组成的复杂系统。因此,应更好地理解伦理、职业和个人价值观对决策行为的相互影响，制定更严格的规章和准则，以及开展提高教育和认识的活动。Carr 在评价参与机制的研究中，得到能够促进流域管理的 3 种机制：①提供商议和保持一致性决策的空间；②推动和发展人力和社会资本来实施决策；③使决策便利化、实施合法化。Keeler 等分析了利益相关者与水资源供应、运输、需求、流量与截面有关变量的 4 种可能的使用情景，得出技术管理情景体现了自上而下的治理，而合作治理能保证水资源安全的结论。

（4）利益相关者观点的应用

#3 聚类集群的研究主题是利益相关者观点的应用，主要运用文献分析、案例分析、调查问卷、GIS、社会网络分析与层次分析的方法，调查研究了利益相关者对生态系统服务功能的理解、利益相关者组织间社会网络的结构和属性、不同自然保护区的治理模式，以及利益相关者对自然保护区的期望，如表 1.7 所示。

表 1.7　#3 聚类集群主要文献的研究方法及问题

文献	研究方法	研究问题
Carcamo 等	案例分析、调查问卷	调查利益相关者对生态系统服务功能、优先权、特征与用途的理解
Heck 等	案例分析、GIS、调查问卷、层次分析	分析海洋自然保护区绩效标准的重要性程度、理解利益相关者对海洋自然保护区的期望及影响因素
Jentoft 等	文献分析、案例分析、GIS	海洋自然保护区治理模式的框架、评价不同海洋自然保护区治理模式及其变量
Carcamo 等	案例分析、GIS、调查问卷、社会网络分析	利益相关者组织间社会网络的结构和属性、探讨其合作关系与科学知识信息传递和交换的网络结构
Heck 等	案例分析、GIS、调查问卷	确定包括利益相关者的海洋自然保护区管理绩效指标体系并进行评价

在新建自然保护区时，除应用生物物理学和生态系统的知识外，还应考虑人类层面，包括管理、社会经济和文化。成功的自然保护区是一种社

会结构，越来越多的地区倡导政府机构和其他相关群体参与这一过程。部分利益相关者反对自然保护区建立的原因是不够了解其功能，也可能是损失的比获得的更多。而且，使用和非使用群体对海洋保护区的未来表现期望差异较大。因此，利益相关者应该从自然保护区早期的设计与建设开始参与，运用利益相关者对生态系统服务、生物多样性特征和资源使用的认知与优先级作为规划基础，并帮助制定更为合理的自然保护区绩效评价指标。

（5）描述利益相关者的认知

#4聚类集群研究关注描述利益相关者对自然保护区与资源管理的认知，主要运用文献分析、案例分析、GIS、调查问卷、访谈、结构方程与情景分析的方法，研究了利益相关者对生态系统服务供需的空间分布感知差异、生态系统服务评价的指标体系、不同情景下资源管理的效用，以及利益相关者参与生态系统管理的模式与关联关系，如表1.8所示。

表1.8 #4聚类集群主要文献的研究方法及问题

文献	研究方法	研究问题
Fagerholm 等	案例分析、调查问卷、GIS、情景分析	确定利益相关者对景观服务的空间评价指标体系并进行评价、景观的服务结构、模式和关系
Garcia-Nieto 等	案例分析、GIS、研讨会	生态系统的供给与需求、利益相关者对生态系统服务供需的空间分布感知差异
Menzel 和 Teng	文献分析、理论分析	基于生态系统服务特征的利益相关者参与式管理
King 等	案例分析、研讨会	生态系统服务权衡的分析框架、分析4种类型的案例情景、框架在资源管理中的潜在效用
Felipe-Lucia 等	文献分析、案例分析、GIS、访谈、结构方程	生态系统服务之间相互作用的理论框架、生态系统服务功能及利益相关者获取的利益、评价生态系统服务之间的依赖关系

建立自然保护区是遏制生物多样性丧失的普遍方法，而专家的评估与现有的景观管理几乎不能给当地利益相关者带来好处，有学者研究表明低影响的利益相关者对生态系统服务的认知与其他群体有很大差异，因此，

应将利益相关者的经验和技术差异纳入决策过程。而且，由于利益相关者参与的目的复杂，需要承认、理解与处理潜在的生物多样性冲突，并应用合适的方法与参与者交流，明确问题所在，以提高可持续的成果以及生态系统服务的效率。除此之外，权力是影响个人或群体获取生态系统服务的关键因素，包括土地管理、访问权和治理。管理关键生态系统的利益相关者拥有的权力最大，决定了提供服务的资产和最终分配，而没有权力的利益相关者只能获取剩余的非排他性和非竞争性生态系统服务，即文化服务、淡水供应、水质和生物控制。

(6) 多国研究

#6聚类集群的研究热点是多国研究，主要运用案例分析、GIS、调查问卷、访谈、公开讨论、模型分析以及新生态范式量表的方法，研究了多国政府机构与非政府组织决策制定者对生物多样性的观点、利益相关者对生态系统服务的理解、利益相关者的生态中心程度及对保护的影响水平，如表1.9所示。

表1.9　#6聚类集群主要文献的研究方法及问题

文献	研究方法	研究问题
Berry 等	案例分析、调查问卷、访谈	多国非政府组织、决策制定者与研究者对生物多样性保护的观点
Wilhelm-Rechmann 等	案例分析、访谈、调查问卷、新生态范式量表	土地利用规划利益相关者的生态中心程度
Dick 等	案例分析、GIS、调查问卷	利益相关者对生态系统服务的理解、评估其感知影响与预期
Troumbis 等	案例分析、访谈、公开讨论、模型分析	整合基于保护价值的多领域指标变量、分析变量与保护价值的乘法模型并进行评估
Cortes-Avizanda 等	案例分析	评估利益相关者对保护重要性的理解及其影响因素、社会支持的管理策略

生态系统服务的概念正成为政策和规划的主流，实施这一概念也强调不同利益相关方之间的沟通、参与合作以及加强自然和景观规划的民主化；而社会层面的保护管理经常被忽视，尤其是当公众参与时，专家和西

方科学世界观对保护价值的科学论述与技术论证有时会受到当地社区的反对。Wilhelm-Rechmann等将新生态范式量表应用于发展中国家的政府部门，发现所得到的样本均持反保护观点。由于所有利益相关群体都从生物多样性中获取收益，如果保护者之间建立生物多样性知识的共识，就能转变利益相关者的认知，因此，有必要继续探索利益相关者之间及其与自然之间的联系。

1.3.3 研究述评

①从文献的共被引知识图谱来看，网络中的聚类集群较为密集，聚类集群中的研究问题有一定程度的交叉，但不同地区社会政治文化方面的研究不足，难以在不同案例研究的基础上进行对比分析；而且，除#0以外的其他聚类集群的节点文献不多，因此，仍需要长期关注对利益相关者的研究，在参与的理论支撑、对参与管理的评价、管理结果的情景模拟等方面均有待深入探讨。

②从研究领域来看，文献涉及了生态学、海洋学、水资源、土地利用、生物多样性保护、环境科学、社会学与地理学等多学科的知识，说明不管是政府部门、研究机构，还是管理的实践者都认识到利益相关者及其参与在多领域管理中的重要性；同时，说明研究应该整合不同学科的理论知识，加强多领域间的合作，避免忽视重要的信息和结论。

③在研究方法方面，以案例分析为主，在文献和理论分析的基础之上，主要运用调查问卷和访谈的方法分析利益相关者的利益、影响、态度等方面的问题。只有部分研究运用了社会网络分析、层次分析、情景分析与模型分析的方法对利益相关者参与自然保护区管理的效果进行评价。因此，在未来的研究中，有必要开发更为适合、有效的方法理解和评估利益相关者参与的自然保护区管理。

④目前，虽然在自然保护区与资源管理的利益相关者研究方面形成了一定的理论体系和观点，但是这些方法在应用及有效性方面还需要进一步

的研究和验证，尤其是在如何提高利益相关者参与的程度与能力，以及评价利益相关者参与管理效果的方法和指标体系方面。由于各文献研究的案例背景、学科领域与关注问题的不同，仍未形成普遍认可的框架与方法论，因此，有必要继续对上述问题进行探讨，为未来研究与管理实际提供可靠的参考建议。

1.4 下一步研究的问题

我国自然保护区管理长期以来实行的是严格的保护制度，在一定程度上忽视了周边利益相关群体的需求，使得在目前社会经济发展状况下的资源管理陷入保护和发展相互制衡的困境，难以取得有效的进展。而在管理中纳入利益相关者的观点，可以有效促进资源可持续的发展进程。通过上述文献分析，进一步探讨我国利益相关者参与自然保护区管理的研究，还需要关注以下4个方面的问题，如图1.3所示。

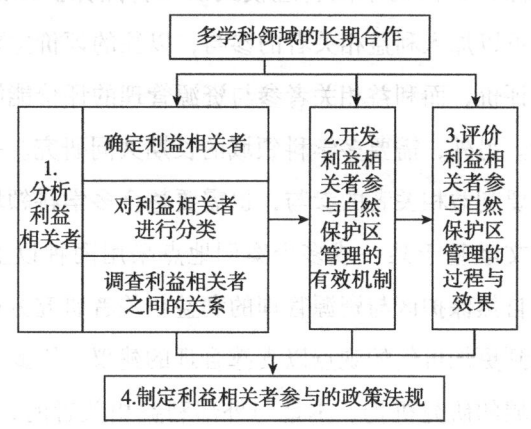

图1.3 我国利益相关者参与自然保护区管理研究关注的主要问题

首先，分析利益相关者。在管理中重视利益相关者，在决策中加入利益相关者的价值观。分析利益相关者，就要明确谁是利益相关者，分析利益相关者的目的、利益及其相互关系，以及其对自然保护区的影响。运用利益相关者的概念、利益相关者分析的类型学和方法论过程，考察影响决策和受决策影响的利益相关群体和个人，分析利益相关者在管理中的地位和影响程度，避免重要的群体边缘化。

其次，开发利益相关者参与自然保护区管理的有效机制。不同群体的目的和对自然保护区的认知差异较大，参与管理的能力也不同，导致其影响程度与利益分享也有所区别。因此，一方面，应对利益相关者进行宣传和培训，提高其生态保护与可持续利用的知识和能力；另一方面，应在自然保护区建设规划决策的早期加入利益相关者，通过小组讨论、研讨会、调查问卷等方式共同探讨便利化多方决策的机制，并贯穿资源管理的各阶段，使之能够从参与式管理中学习，增强保护管理的效果。

再次，评价利益相关者参与自然保护区管理的过程与效果。通过研究利益相关者参与管理的理论框架，开发适合的参与机制和模式，根据利益相关者对资源使用的理解、社会经济发展的现状与目标以及生态学等多领域的变量确定指标体系，评价利益相关者对自然保护区的预期、生态系统服务功能、自然保护区的不同管理模式以及自然保护区的管理绩效。同时，评价过程可以加入利益相关者的参与，以往的评价主要是由研究者对资源管理进行评价，而利益相关者参与资源管理的评价能够帮助确定更可靠的指标变量。另外，需要多学科领域的长期共同研究。一方面，管理自然资源不仅需要利益相关者的参与，也需要整合多学科领域的知识；另一方面，大部分文献基于某一或多个案例地点采用两种以上的方法进行研究，并建议在自然保护区与资源管理的利益相关者研究方面，综合使用多种方法可以得到更加可信的观点以支撑合理的建议。因此，研究需要管理部门、不同领域的研究机构、本地与外部利益相关者的共同支持与合作，鼓励多方建立长期的合作研究机制。

最后，制定利益相关者参与的政策法规。利益相关者参与自然保护区的管理，应该保障利益相关者的参与权，这涉及利益相关者的范围、平等表达自身权利的渠道、不同利益相关者间的权利分布、能否获得相应的信息与资源、社会政策支持以及是否有决策权。因此，在我国真正实现利益相关者的参与，需要在国家层面和地方层面分别出台有关政策，使参与合法化，同时应对利益相关者的参与水平进行评价。

综上所述，本研究在过往文献的理论基础上，基于对自然保护区利益相关者的调查分析，评价自然保护区可持续性的水平及影响因素，建构利益相关者参与自然保护区共管的机制，并提出政策保障，这是我国当前自然保护区管理中存在的保护与开发之间矛盾的有效解决途径。

1.5 研究内容与方法

1.5.1 研究对象

本研究以自然保护区中的利益相关者为研究对象，采用利益相关者的广义定义，关注影响自然保护区与受自然保护区影响的利益相关者，了解其保护与利用资源的目的、方式和影响，评价其在关系网络中的地位和作用，分析与利益方相关的自然保护区的运行，正视多利益方在自然保护区管理中的权利和义务，研究利益相关者参与自然保护区的共管机制，从而缓解社会经济发展与资源保护的矛盾，赋予不同群体共管及发展的权利，协调人与人、人与自然之间的关系及利益分配，实现自然保护区与周边社区的共同发展。

1.5.2 主要内容

本研究从自然保护区资源保护与开发相冲突的实际问题出发，解决以下问题：谁是保护区的利益相关者？利益相关者如何影响自然保护区的运行？如何理解自然保护区社会—生态系统的子系统及其组分对可持续性水平的影响机理？进而构建利益相关者参与保护区的共管机制。本书研究框架分为以下5个部分。

第一部分：建立自然保护区利益相关者研究的理论基础。首先，介绍人类生态系统理论中主要组分的流动关系与定义，说明人与自然耦合系统的复杂性理论在不同范围内的表现，阐述自然保护区社会—生态系统框架的各层级子系统变量及其相互作用关系，解释利益相关者分析理论的概念及方法。其次，将上述理论与研究的逻辑思路相结合，先分析自然保护区的利益相关者，探讨自然保护区运行的均衡模型，再研究自然保护区社会—生态系统的运行机理，进而形成利益相关者参与自然保护区共管的分析框架。

第二部分：我国自然保护区管理向利益相关者参与转变的现实需求。首先，分析我国自然保护区政策的发展历程，讨论政策在不同时期的特点和关注内容，如规划、监督评价与存在问题等方面。其次，归纳我国自然保护区规划管理及政策演进对资源保护影响的规律性特征，引出在当前管理体系中多利益群体的发展需求问题，以及我国自然保护区逐渐由传统的管理方式转变为利益相关者参与的共管方式的现实意义。

第三部分：自然保护区利益相关者的分析。首先，确定利益相关者。先考察案例保护区的资源保护管理与当地社区发展相冲突的具体问题、涉及的群体与相互关系，初步了解利益相关者，再结合自下而上的"滚雪球"抽样的方法最终确定利益相关者。其次，对利益相关者进行分类。根据不同群体对资源开发与保护的程度，将其分类为"保护主义者""边缘保护主义者""开发者""边缘开发者"，绘制利益相关者的分类图。再次，评价利益相关者之间的关系。采用社会网络分析的方法评价利益相关者的关系网络，根据不同群体的行为、动机、利益和影响，列出利益相关者的"利益—影响"关系矩阵。最后，得出自然保护区运行的失衡现状，并推演自然保护区的均衡运行模型，探讨系统由失衡向均衡运行状态转变的有效途径。

第四部分：自然保护区社会—生态系统运行的机理分析。首先，根据社会—生态系统理论框架，分析自然保护区社会—生态系统各层级子系统的相互关系，建立系统可持续性的评价指标体系。其次，运用熵值法，评价各子系统及系统运行的可持续性水平。利用障碍度模型分析影响可持续性的关键因素。最后，根据上述分析结果，分析在当前条件下自然保护区系统运行的过程中各子系统与焦点行动情境的相互作用对系统运行结果的作用机理。

第五部分：利益相关者参与自然保护区共管的机制建构与政策保障。首先，调查利益相关者参与自然保护区共管的意愿，作为共管的前提条件。其次，结合前文利益相关者分析与自然保护区社会—生态系统的机理分析，建立利益相关者参与自然保护区共管的有效机制。再次，搭建利益相关者参与自然保护区共管的平台，阐述其合理结构，并提出实施利益相关者共管的具体措施，探讨这一机制在我国具有相似背景的自然保护区管理中应用可能遇到的问题和解决策略。最后，寻求利益相关者参与自然保护区共管的政策条件。针对不同群体，完善资源保护和利用政策，制定共管参与有效性的条件和规则，以实现共管的可持续。

1.5.3 研究思路

本研究首先从理论出发，确定自然保护区利益相关者的分析框架，结合我国自然保护区的政策演变历程，分析传统管理向利益相关者参与方式转变的现实需求；其次综合运用利益相关者的广义定义和自下而上的抽样调查方法，确定自然保护区的利益相关者，分析其形成的关系网络，并归纳自然保护区的均衡运行模型；再次评价自然保护区社会—生态系统运行的可持续性及影响因素，分析系统运行的机理；最后建构利益相关者参与自然保护区共管的机制，探讨实际应用的措施，并提出政策保障。本研究的技术路线如图1.4所示。

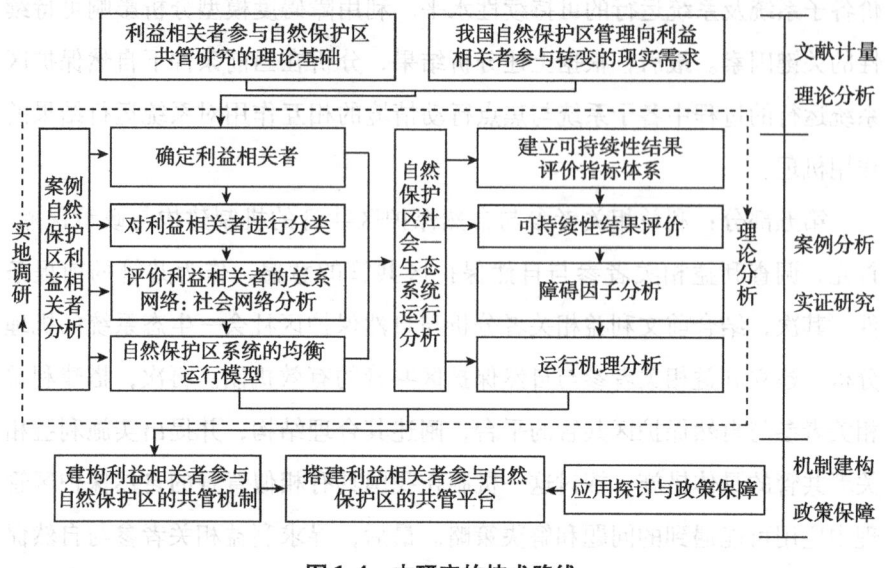

图 1.4　本研究的技术路线

1.5.4　研究方法

①文献分析法：利用科学计量软件定量分析国内外有关自然保护区管理和利益相关者研究的文献，梳理和总结自然保护区管理的现状与问题，过往研究的主要观点、方法以及进一步研究的空间。

②案例分析法：了解选取的案例自然保护区当地社区发展与资源保护管理的冲突问题，分析与自然保护区相关的利益群体，在自然保护区管理中既具有普遍性也具有特殊性。

③理论与实际相结合的方法：基于对案例自然保护区利益相关者及其关系的调查，依据人类生态系统理论建立自然保护区的均衡运行模型，并运用人与自然耦合系统的复杂性原理分析其实现途径，再分析自然保护区社会—生态系统运行的机理，最终建立利益相关者参与的共管机制。

④定量分析法：运用文献计量软件分析国内外相关研究文献，采用社会网络分析的方法评价利益相关者的关系网络，运用熵值法评价系统运行

的可持续性水平，以及利用障碍度模型分析自然保护区系统运行的关键因素，保证论据的可靠性。

1.6 创新点

学术思想和观点的创新：①以更广阔的视角看待与自然保护区相关的利益方，影响自然保护区和受自然保护区影响的群体和个人都包括在研究范围之内，拓展了参与共管的对象，避免重要群体在管理中的地位失衡；②将社会—生态系统的理论框架运用到利益相关者参与自然保护区共管的研究中，依据多领域不同层级子系统变量间的相互影响建立可持续性评价的指标体系，归纳自然保护区社会—生态系统运行的机理，尝试建立自然保护区管理研究的普适性分析框架；③建立利益相关者参与自然保护区的共管机制，给予利益相关者更多参与决策的空间，降低社会治理的成本，并增强自然保护区管理的效果。

研究方法的创新：①采用科学计量的方法分析有关自然保护区与利益相关者参与管理的国内外文献，充分了解前沿研究的方法和观点；②利用"滚雪球"抽样的方法调查自然保护区中的利益相关者，以及运用社会网络分析的方法分析利益相关者的关系网络，定量分析自然保护区的利益相关者更能反映实际情况；③运用熵值法与障碍度模型评价分析自然保护区社会—生态系统运行的可持续性水平及其主要影响因素，为建立共管机制提供重要支撑。

第2章 利益相关者参与自然保护区共管研究的理论基础

2.1 人类生态系统理论

2.1.1 人类生态系统的定义

人类生态系统的概念是为管理生态系统而提出的,在现阶段的生态系统管理中,人作为一种组分或资源不可避免地参与其中。与传统的自然生态系统概念不同,人类生态系统的概念在自然生态系统的基础上加入了人的社会作用和影响。

Machlist 和 Force 将人类生态系统定义为,可长期调整与可持续的包括生物物理学和社会因素的闭合系统。人类生态系统可根据其要素分为本地、国家和国际的范围。在人类生态系统中,决定性资源按次序提供系统必要的供给。决定性资源包括3种类型:自然资源、社会经济资源和文化资源。这些资源的分配和流动对人类生态系统的可持续发展起着关键性的作用。资源流动是指个体、信息、能量、营养、物质和资金在人类生态系统的各组分间的流动或从一个人类生态系统流向另一个人类生态系统。它们随比率、强度、持续时间、频率和分布的改变而改变,并且决定了大部分的生物物理和社会文化进程。

社会系统规定着资源流动和决定性资源的利用。社会系统由3个子系统组成。第一个子系统是社会制度，定义为普遍的社会挑战及综合需求的解决，指导着很多人类行为。第二个子系统是社会循环，是分配人类活动的暂时模式。第三个子系统是社会秩序，是人们和群体中的相互组织作用。这些子系统集合在一起就组成了社会系统，再与资源流动结合在一起，就组成了人类生态系统，如图2.1所示。下面对人类生态系统的组织概念模型作具体解释。

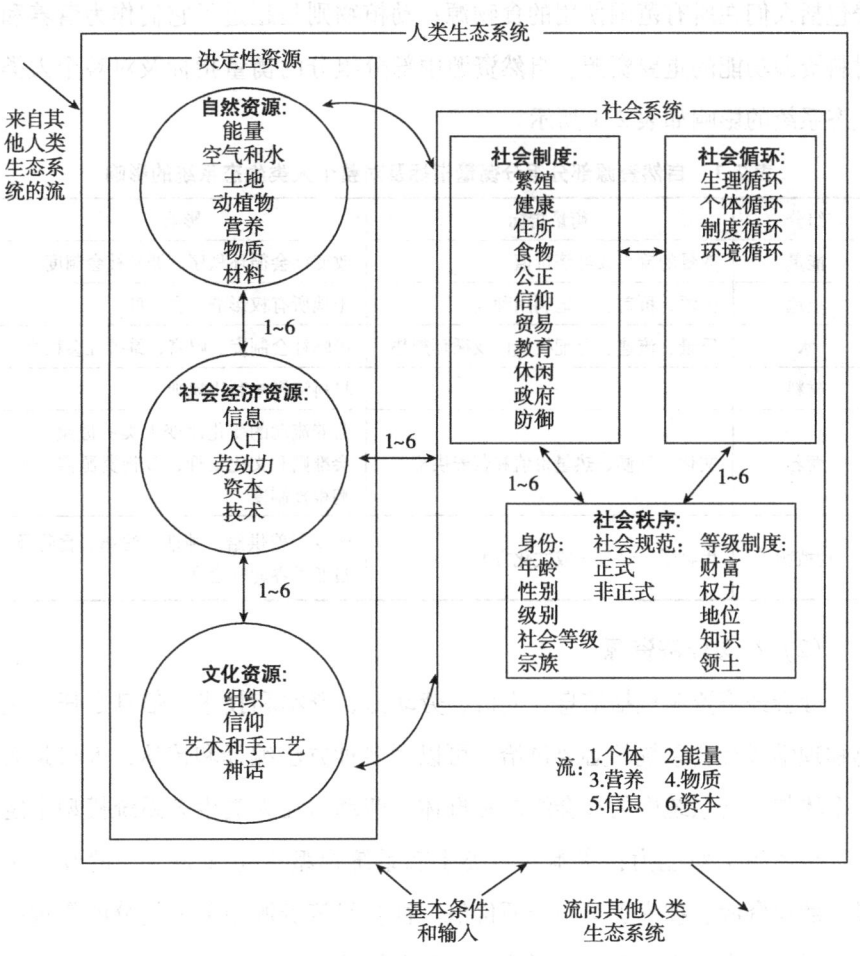

图2.1 人类生态系统模型

2.1.2 人类生态系统的主要组分

(1) 自然资源

人类生态系统中的自然资源包括能量、土地、空气和水、材料、营养、物质和动植物。能量是产生和创造热量的能力；土地包括陆地表面、底层土和地下特征，它对经济和文化价值来说都是决定性资源；水包括地表水、地下水和海水；材料包括大部分从自然资源中得到的基本产品；营养包括人们在所有范围使用的食物源；动植物则是超过了它们作为营养和材料资源功能的重要资源。自然资源中部分组分的衡量指标及对整个人类生态系统的影响如表2.1所示。

表2.1 自然资源部分组分衡量指标及对整个人类生态系统的影响

组分	衡量指标	影响
能量	热量的输出或经济价值	改变社会循环秩序、调整社会制度
土地	公顷、覆盖、土地利用种类	土地所有权影响社会制度
水	质量、流速、分配模式以及循环趋势	影响社会制度、财富，维持社会秩序
材料	—	材料流影响利用规则
营养	文化、气候、热量价值和营养供给	营养流动的变化改变人类的健康、社会准则和文化信仰，食物资源需求影响粮食制度
动植物	生物学、经济学或文化方面	改变营养供给、神话、法律、食物及自然世界的社会准则

(2) 社会经济资源

社会经济资源包括信息、人口、劳动力、资本和技术。信息是任一生物物理学或社会系统的必要供给，可以用多种方法编译和传达；人口是大量个体与社会系统中的社会组织和群体；劳动力在人类生态系统模型中定义为个体的工作能力；资本在人类生态系统模型中定义为生产的经济工具、商业资源、技术工具与资源价值。社会经济资源中部分组分的衡量指标及对整个人类生态系统的影响如表2.2所示。

表 2.2 社会经济资源部分组分衡量指标及对整个人类生态系统的影响

组分	衡量指标	影响
信息	传播率和消费模式	信息流动改变社会系统组分,对其他重要资源有着质的影响
人口	人口增长用自然增长和移民流动来测量	人们的消费影响和创造行为,人口增长影响历史和暂时的城市、区域与国家的人类生态以及社会系统
劳动力	劳动时间等	劳动的改变影响健康医疗、收入分配的各种社会制度和等级制度
资本	美元价值、生产的商品或资本储备	资本的变化及其源的混合或者输出改变社会机构、财富的等级制度、等级身份及其他人类生态系统的特征

（3）文化资源

人类生态系统中的组织、信仰、神话、艺术和手工艺都是文化资源。组织提供了创造和维持人类生态系统结构的弹性；信仰是对个体接受现实的表达,环境相关组织和工业联盟依赖一系列的公众信仰,以关注环境危机来加强互相信任与增加成员数量；神话界定社会的约定,在人类生态系统中,神话是广泛的社会制度和社会秩序机制的内涵与基本原理。文化资源中部分组分的衡量指标及对整个人类生态系统的影响如表 2.3 所示。

表 2.3 文化资源部分组分衡量指标及对整个人类生态系统的影响

组分	衡量指标	影响
组织	多样性、强度和饱和度	—
信仰	思想内容、强度以及公众接受度	影响社会制度
神话	很难衡量,可用节日、象征和传说衡量	神话信仰的变化影响社会制度、各种社会准则以及对资源的利用

（4）社会制度

社会制度组分包括健康、公正、信仰、贸易、教育、休闲、政府及食物等。健康制度包括所有范围内能够解决人类生态系统健康需求的组织和活动；公正包括分配的公正和纠正的公正；信仰由两个组成部分：一是组织和仪式将人们与社会组织联系在一起的系统社会功能,二是信仰和神话的具体内容；贸易是物品和服务交换的重要内容；教育制度通过学校系统运行；休闲娱乐机构包括正式和非正式的休闲、交往以及特殊的活动；政府是人类生态系统的主要组成部分，也是其他组成部分的产物，政治是比社会等级或部落更广泛的决策制度和综合解决方式；粮食的供应需要农业和资源管理的复杂机构共同运行。社会制度中部分组分的衡量指标及对整个人类生态系统的影响如表2.4所示。

表2.4 社会制度部分组分衡量指标及对整个人类生态系统的影响

组分	衡量指标	影响
健康	能力或结果	直接或间接影响社会系统
公正	参与者及表现	法庭影响公正的分配，法律制度的变化直接影响自然资源的利用、资本的发展及其他人类生态系统的组分
信仰	多样性、能力或参与	影响社会系统、信仰和神话，改变社会循环，为社会等级和部落提供认同的内容
贸易	能力、流动	改变其他社会制度、社会秩序、社会循环及决定性资源
教育	密度、输入和输出	直接影响其他社会系统组分，教育的迅速变化可对整个人类生态系统产生深远的影响
休闲	量、参与水平或范围	改变社会规范等
政府	资源或行为	政府行为和过程变化对人类生态系统具有重要影响
食物	组织能力、输出以及食物生产的范围	生产的有效性或分配的变化影响整个人类生态系统

（5）社会循环

人类生态系统中的社会循环依其范围包括生理循环、个体循环、制度循环和环境循环。社会循环可以具体描述为：①人的演变产生了深刻影响人类行为的生理循环；②个体循环是超越生理循环的遵循时间的私人和特殊循环；③制度循环由社会制度来控制相关活动的流动；④环境循环则是能够强烈影响人类生态系统的自然模式。社会循环中部分组分的衡量指标及对整个人类生态系统的影响如表 2.5 所示。

表 2.5　社会循环部分组分衡量指标及对整个人类生态系统的影响

组分	衡量指标	影响
生理循环	人口比例	影响人类生态系统很多范围的功能
个体循环	雇佣模式	—
制度循环	频率、持续时间、比例或强度	影响自然资源的利用以及商业管理
环境循环	持续时间或事件	改变生态系统和社会系统的反应

(6) 社会秩序

身份、社会规范和等级制度是社会秩序的重要组成部分。身份是社会系统保持连贯性和功能的主要方法之一，社会学中的身份经常是带有归属作用的。其余身份不太具有归属作用，人们可以通过财富、教育等来改变等级。社会规范是"社会行为的指导"，非正式的规范由社区或社会组织的否决来管理，而正式规范是比较严肃和制度化的。等级制度是社会差异的重要机制，对生态系统的功能来说，有 5 种比较重要的社会文化等级制度：财富可以获得物质资源，权力是改变其他人行为的能力，地位是得到荣誉和威望的途径，知识是获得专门信息的途径，领土是获得财产权的能力。社会秩序中部分组分的衡量指标及对整个人类生态系统的影响如表 2.6 所示。

表 2.6　社会秩序部分组分衡量指标及对整个人类生态系统的影响

组分		衡量指标	影响
身份		多样性、分布	通过改变社会规范影响社会系统
社会规范		人们的坚持、异常	影响社会制度以及资源利用
等级制度	财富	收入范围或低于贫困线的人口比例	改变了人们能够获得的决定性资源和社会制度，因而改变人类生态系统
	权力	权力分布用决策制定活动衡量	
	地位	公众民意测验	
	知识	教育水平	
	领土	所有制模式、土地大小分布或用水权利分布	

2.1.3 人类生态系统概念模型的借鉴意义

人类生态系统的概念模型,对研究自然保护区的自然资源、社会经济资源、社会制度等组分的变化、互相影响及了解自然保护区管理中存在的矛盾具有重要意义。

首先,人类生态系统模型强调的是一个合理协调的整体,它可以为了解自然保护区的管理与开发利用之间的矛盾提供具体的组织结构概念,而且这种整体框架涉及的领域更加广泛,可以多角度地剖析源自社会系统和决定性资源的自然保护区管理中的问题及其相互联系,有利于理解利益相关者的目的及其关系。

其次,人类生态系统模型有助于分析基于利益相关者的自然保护区的运行现状。人类生态系统内部的个体、信息、能量、营养、物质和资本的流动,决定着自然保护区的运行状态和结果,根据自然保护区当前的运行现状,结合 de Groot 等的生态系统功能服务,推演自然保护区运行的均衡模型,有助于理解利益相关者在自然保护区管理中的作用。

2.2 人与自然耦合系统的复杂性理论

人与自然耦合系统的复杂性理论研究的是人类与自然系统相耦合的过程中表现出的规律性特点。Jianguo Liu 等提出人与自然耦合系统的复杂性体现在不同的组织单元、空间和时间范畴,反映了直接到间接的相互作用关系、邻近的到更远距离的连接、本地到全球的范围以及简单到复杂的模式和过程。

2.2.1 人与自然耦合系统的复杂性在不同范围的表现

虽然常规方法能提高人与自然系统的规律性研究,但是在强调社会与生态、人与环境的相互作用时,分离地研究人与自然的耦合系统难以得到有效的结论。首先，人与自然耦合系统的研究主要集中在连接人与自然系统的模式和过程。其次，人与自然耦合系统的研究，强调相互作用和反馈。这种反馈是人类对环境以及环境对人类的相互作用。最后，理解人与自然组分的范围内和范围间的相互作用是人与自然耦合系统的主要内容。

（1）组织单元耦合

①相互作用和反馈。在人与自然耦合系统中，人类和自然通过多样化的组织单元层级相互影响并形成了复杂的反馈回路，即互相嵌入式的复杂网络。一方面，人们依赖自然提供的生态系统的多种资源和过程；另一方面，人类的行为活动或无行为活动又使它们受到威胁或使压力消失。在这些相关因素中，本地进程由更广泛的全球范围的进程决定，进而对人类和生态系统造成深远的影响。

②间接影响。虽然很多人类与自然之间的相互作用直接产生于人造产品的生产和利用，但是所有的产品最终均来自自然系统。人类利用或修改了某些物种之后就产生了不同种类的间接影响，于是，生态系统的动力和服务发生了改变。

③新的属性。人与自然耦合系统展示了很多新的属性，这些特有的属性并不单独地属于人类或自然系统，而是来源于两者之间的相互作用。当人们不理解系统复杂性时，会发现人与自然耦合系统有很多意外的结果，如有时保护政策也能引起相反的结果，而某些生态系统只能通过人类的管理实践达到可持续。因此，在实践中，保护的行为不能将人类的干扰排除在外。

④脆弱性。脆弱性是由于内部或外部变量的改变，包括本地、区域及全球的因素，使人与自然耦合系统可能经历损害的程度。人类、自然组分及其相互影响均可使人与自然生态系统变得更加脆弱，最终，整个人与自然耦合系统会使干扰和反馈变得更加脆弱。

⑤界限和弹性。界限是两种状态或环境之间的临界点。当生态系统恶化对人类的影响未达到生态变化的界限时，这种影响或许并不明显。弹性

是人与自然耦合系统在持续发展的干扰后所保持相似结构或功能的能力，弹性的微小损失都可能导致生态系统难以恢复。界限和弹性都需面对驱动力的不确定性，这里的驱动力包括政府政策等方面。

(2) 空间耦合

人类与自然系统的耦合横跨多空间，从本地到全球的范围。全球的耦合需要本地过程的协作和累积的影响，而区域性的耦合也是人类远距离活动、大范围的自然过程造成的。

①超越界限的耦合。由于贸易或动物迁徙，人与自然之间相互作用的发生超越了行政或生态系统的界限。例如，某一地区的市场或政府的决策制定会影响很远以外地区的人们和生态系统。

②不均匀性。人与自然系统的耦合随位置的不同而改变。不均匀性也是城市和农村地区之间相比较的依据，在发达国家发生的耦合比在发展中国家更间接和全球化。

(3) 时间耦合

时间耦合体现在影响程度、遗留影响、时间延滞、增加的范围和节奏与间接影响方面。①随着时间的推移，人类与自然系统的相互影响程度逐渐提高。②遗留影响是过去耦合的相互作用，对现在和未来耦合条件的累积及进化的影响。由于时滞性的作用，人与自然耦合的生态和社会经济的影响也许不能立即被观察或预测，于是产生了遗留影响。③时间延滞指的是人类与自然的相互作用以及对生态和社会经济的影响在时间上有一定的间隔。人类与自然系统耦合的过程和结果有时是缓慢地展现出来，而且这些变化是不易察觉的。人类决策和环境影响，或者环境变化对人类产生的后果之间的时间延滞，使对其相互作用的理解和管理变得更加复杂。④增加的范围和节奏是指过去人与自然之间的相互作用常发生在本地范围，远距离的相互作用只有人类迁移，而现在的区域性、洲际和全球的相互作用越来越多，节奏也越来越快。⑤间接影响的增加体现在随着城市化进程的加速，人与自然耦合系统的间接影响变得更加普遍和显著。

2.2.2 人与自然耦合系统的复杂性的借鉴意义

由于目前实施的大多数环境政策不会导致可持续的结果,而很多政策与管理实践的成功和失败则是基于对人与自然耦合系统复杂性的理解能力,因此,在自然保护区的规划和管理中考虑人与自然耦合系统的特性是实现可持续发展的途径之一。

首先,从"人类征服自然"到"人类与自然共同进化"思想的转变有助于促进自然保护区管理的改善。管理者不应仅关注能够立即得到的结果,也应长期重视维持系统功能的弹性变化。自然保护区的决策者可以应用更多有效的技术和管理政策来增强弹性,提高在自然保护区中的反馈,从而帮助理解自然保护区的运行与相互作用,实现人与自然的和谐发展。

其次,本地自然保护区的决策会受外部环境的状况和过程的影响,因此,考虑全球和区域的动力对本地人与自然耦合系统的影响、决策制定的本地化与不同的利益相关者在自然保护区的参与合作,有助于本区域的可持续发展。

最后,虽然当前自然保护区管理的很多方面由社会、政治和经济结构主导,但是人与自然耦合系统的变化规律说明系统的管理应该是具有动力性的。因此,建立具有动力性的利益相关者参与的管理系统,既有利于缓解自然保护区管理与资源开发的矛盾,也可以提高管理的有效性。

2.3 社会—生态系统理论

2.3.1 社会—生态系统框架概念

在自然资源管理的研究中,Ostrom 将社会—生态系统解构为由多个子系统及其内部变量组成的一个理论框架,并试图确定同类问题研究都需包括的普遍性要素。她认为所有人类利用的资源都包含在复杂的社会—生态系统中，主要探讨了社会—生态系统的核心子系统之间的关系和相互影响，以及与之相关联的社会、经济政策环境和生态系统。2014 年，McGinnis 和 Ostrom 进一步修改了框架，调整资源系统、资源单位、治理系统和行动者子系统至少为一个或多个焦点行动情境的输入和输出，框架及子系统变量如图 2.2、表 2.7 所示。在图 2.2 中，实框表示第一层级子系统。资源系统、资源单位、治理系统和行动者是包含第二层和更低层级多个变量的高层级变量。焦点行动情境是指所有发生的行动由多个行动者行为转化为结果。虚线箭头表示从焦点行动情境到各个第一层级子系统的反馈。图中围绕内部要素的虚线指的是可以将聚焦的社会经济系统视为一个逻辑整体，但相关生态系统或社会、经济与政策环境的外生变量可以影响社会经济系统的任何组成部分。这些外生的影响可能来自比聚焦的社会—生态系统规模更大或更小的动态过程。

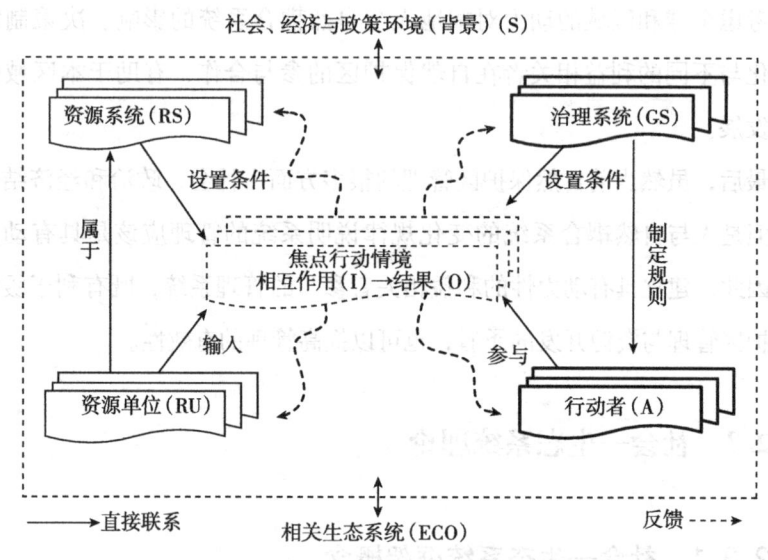

图 2.2　社会—生态系统理论框架

表 2.7 社会—生态系统子系统变量

一级子系统	二级变量	
社会、经济与政策环境（背景）(S)	社会发展（S1）	市场（S5）
	人口趋势（S2）	媒体组织（S6）
	政策稳定性（S3）	技术（S7）
	其他治理体系制度（S4）	
资源系统（RS）	部门（RS1）（如水、森林、牧场、渔业）	平衡性质（RS6）
	系统边界清晰（RS2）	系统动力可预测性（RS7）
	资源系统规模（RS3）	存储特征（RS8）
	人建设施（RS4）	位置（RS9）
	系统生产率（RS5）	
治理系统（GS）	政府组织（GS1）	操作决策规则（GS5）
	非政府组织（GS2）	集体决策规则（GS6）
	网络结构（GS3）	制度决策规则（GS7）
	产权制度（GS4）	监督审批规则（GS8）
资源单位（RU）	资源单位流动性（RU1）	单位数量（RU5）
	增长率（RU2）	显著特征（RU6）
	资源单位间相互作用（RU3）	时空分布（RU7）
	经济价值（RU4）	
行动者（A）	相关行动者数量（A1）	社会规范/资本（A6）
	社会经济属性（A2）	社会生态系统知识（A7）
	历史或过去的经验（A3）	资源重要性（A8）
	位置（A4）	可用技术（A9）
	领导（A5）	
焦点行动情境：相互作用（I）→结果（O）	收获（I1）	游说活动（I6）
	信息分享（I2）	自组织活动（I7）
	协商过程（I3）	建立关系活动（I8）
	冲突（I4）	监督活动（I9）
	投资活动（I5）	评价活动（I10）
	社会表现标准（如效率、平等、责任制、可持续性）（O1）	生态表现衡量（如过度捕捞、弹性、生物多样性、可持续性）（O2）

续表

一级子系统	二级变量	
焦点行动情境：相互作用（I）→结果（O）	对其他社会生态系统的外部性（O3）	
相关的生态系统（ECO）	气候模式（ECO1）	案例社会生态系统的流进、流出（ECO3）
	污染模式（ECO2）	

子系统之间的关系可以理解为资源使用者根据由治理体系、相关生态系统以及更广泛的社会、经济与政策环境决定的规则和程序利用资源。而"层级"指的是包含下一层级子系统组成部分的不同层级范畴。例如，资源系统是包含第二层级的第一层级子系统，其第二层级变量为部门、系统边界清晰、资源系统规模等。同样地，第二层级组成部分的特性由第三层级确定。反馈路径将焦点行动情境的结果与上下层级变量联系起来，从而影响不同子系统的动态结构。此外，框架允许第一层级子系统组分存在多个实例。不同的行动者群体可以从一个或多个资源系统中获取或生产不同类型的资源单位，而且他们的行为由多重治理系统的规则指导。Ostrom 认为行动者可以通过自我组织实现自然资源的可持续发展。

2.3.2 社会—生态系统主要组分定义

（1）资源系统

资源系统可以由多种类型的资源单位组成。每个治理系统都设定了一些行动者群体的规则，有效地限定了行动者的性质及他们可利用的资源。所有相关的治理系统和资源系统都规定了行动情境发生的条件。

资源系统规模（RS3）的特性。与土地相关的资源系统，如森林，由于划定边界、监测使用模式和获取生态知识的费用高昂，如果面积较大就不太可能通过行动者自组织维持资源的可持续，如果面积很小也不能产生大量有价值的产品。因此，适度的面积规模有利于行动者的自组织。

系统生产率（RS5）的特性。资源系统的当前生产率对所有部门的自组织具有曲线效应。如果水源或渔场已经枯竭或非常丰富，行动者会认为没有必要进行管理，行动者在进行自组织前需要观察到资源具有稀缺性。

系统动力可预测性（RS7）的内涵。系统动力需要足够的可预测性，以便行动者可以估计如果要建立特定的收获规则或禁止进入的领域将会发生什么。森林往往比水系统更容易预测。小规模的不可预测性可能会导致范围较大的牧区系统行动者的组织规模扩大，以提高整体的可预测性。

（2）治理系统

对于治理系统来说，需要考虑的两种规模为地理范围以及参与或服从该治理系统的人口规模。Ostrom 和 Cox 强调规则、属性系统和网络结构（GS3）是治理系统的关键特征。她们还将规则区分为操作决策规则（GS5）、集体决策规则（GS6）和制度决策规则（GS7），将产权制度（GS4）区分为私有、公有、共有和混合制度，突出中心性、模块化、连通性和层数是不同网络结构的关键区分属性。

（3）资源单位

资源单位流动性（RU1）的特性。由于观察和管理系统的成本，固定资源（如植物或湖泊中的水）比移动资源（如野生动物或不受约束的河流中的水）更易产生自组织。

（4）行动者

相关行动者数量（A1）的特性。由于将用户聚集达成一致的成本较高，群体规模对自组织交易成本的影响趋于负向；但如果管理一种资源非常昂贵，那么规模较大的群体更有能力调动劳动力和其他资源。因此，团队规模具有重要的相关性，但它对自组织的影响取决于其他社会—生态系统变量和管理任务的类型。

领导（A5）的特性。当任何类型资源系统的使用者都具有创业技能，并且因其他目的担任过当地领导人时，自组织的可能性更大。

社会规范/资本（A6）的含义。如果所有类型资源系统的使用者在群体中的互惠行为规范方面具有共同的道德和伦理标准，并且彼此之间有足够的信任遵守协议，那么达成协议的交易成本和监督成本就会降低。

社会生态系统知识（A7）的特性。当行动者对社会—生态系统的相关属性、自身行为的相互影响以及其他社会—生态系统使用的规则有共同的认识时，组织成本会更低。如果资源系统再生缓慢，而人口增长迅速，行动者可能不了解资源的承载能力，组织就会失败，资源也会遭到破坏。

资源重要性（A8）的影响。在自组织的成功案例中，行动者可能在很大程度上依赖资源系统维持生计，或者高度重视资源的可持续性，否则，组织和维护自治系统的成本可能不值得付出努力。

在大多数复杂系统中，变量以非线性的方式相互作用。尽管社会—生态系统的长期可持续性最初取决于用户或政府制定的规则，但从长远看，这些规则可能还不够。如果行动者或政府制定的初始规则与当地条件不一致，则可能无法实现长期可持续性。对灌溉系统、森林和沿海渔业的研究表明，长期的可持续性取决于与资源系统、资源单位和行动者属性相匹配的规则。

将社会—生态系统框架应用于特定案例需要三个步骤。第一步是分析者需要回答以下问题并选择分析的重点：有哪些与特定或多个资源系统、相关资源单位或其他商品和服务相关的相互影响与结果？哪些相互影响和结果与研究分析的关注点最相关？涉及哪些类型的行动者？哪些治理系统影响了行动者的行为？第二步是研究人员应该选择测量变量以及实现这些指标的方法。每个概念的具体含义或衡量概念的指标，在应用于两种不同的资源背景时可能存在较大差别，但第一层级和第二层级变量应该是相同的。第三步是应用这一共同框架基础以取得累积的进展，在不同学科、不同区域与不同资源中的研究者更易比较发现的结果，并有利于信息交流。

2.3.3 社会—生态系统理论框架的借鉴意义

首先，社会—生态系统框架开发了适用于多尺度、连贯复杂的嵌套系统分析模式，可以为自然保护区共管研究的制度分析者、生态学家、政策制定者和相关群体提供理论依据。在共同概念框架上解释不同的理论，建立与自然保护区社会经济体系相关的组织形式，从经验研究和评价中积累相关知识，提高组织分析、诊断和规范界定的能力。

其次，社会—生态系统框架试图确定与同类问题相关的理论都需包括的普遍性要素，可以体现理论期望的多种因果解释，如博弈论、交易成本理论、社会选择理论、契约理论、公共产品和公共资源池理论等都与社会—生态系统框架兼容，可以分析所有类型的社会—生态系统。因此，它所提供的基本概念列表能够直接与研究考虑的基本组分相联系，可以为自然保护区的普遍研究提供分析要素，如在建立可持续性的评价指标体系方面。

最后，社会—生态系统框架建立在个人或合作群体成员选择行为决策的假设基础上，不同决策可能会对结果产生重大影响。目前，框架已进行了较为详尽的描述，分析了行动者变量及其特征影响，能够为自然保护区社会—生态系统的可持续性评价提供可靠的分析参考。

2.4 利益相关者分析的理论

2.4.1 利益相关者的概念

1984年，Freeman在斯坦福研究所1963年的备忘录中找到了第一个有关利益相关者的清晰定义，这个最初定义为"那些没有他们的支持组织就会停止存在的群体"。Freeman建议如下的定义："利益相关者是任何一个能够影响合作目的所达成的结果或受其影响的组织或个人。"一些狭义且更精确的定义为"没有那些群体和个人，组织就不复存在"。而范围更宽、内容更标准的利益相关者的观点为"任意自然发生的受组织现象影响的整体"，它可以包括生物和非生物的整体，甚至精神感情建设，如关心前代或后代的福利。

2.4.2 利益相关者分析的方法

资源管理的决策者们逐渐认识到需要了解受决策和行为影响的人，以及有权力影响这些决策和行为结果的人，因此，国家和国际的环境政策越来越关注利益相关者的参与。为避免重要的群体边缘化，以及在长期脆弱性的支持过程中产生偏向某一方的结果，环境决策越来越重视"利益相关者分析"的方法论，它强调决策制定的过程中利益相关者的参与及权利赋予的合法性。

（1）利益相关者分析的定义

在资源管理中，Reed等将利益相关者的分析定义为一个过程：①定义影响决策、行为、社会和自然现象的方面；②确定影响或受其影响的个体、群体或组织，包括非人类、非生物的全部及其后代；③决策过程中优先考虑的个体和群体。这种在不同的学科和领域中广泛运用的方法，可归类为以下3种实现途径：①确定利益相关者；②对利益相关者进行分类；③调查利益相关者之间的关系。

（2）利益相关者分类的方法

利益相关者的分类方法主要有两种：自上而下的"分析分类法"和自下而上的"重建方法"。分析分类法是从现实问题和理论的角度对系统运行的现象进行观察的分析方法。分析分类法包括利益与影响的程度、合作与竞争、合作与威胁以及紧急性、合法性与影响。常用的方法是利用利益和影响把利益相关者分为高利益高影响、低利益高影响、高利益低影响和低利益低影响4类群体。由于自上而下的方法有很多限制，研究者还开发了自下而上的"重建方法"，由利益相关者本身定义分类和参数，同时进行分析，这样更贴近研究需求。

（3）利益相关者之间关系的调查方法

调查分析利益相关者之间关系的方法主要有3种：①角色关联矩阵法；②社会网络分析法，能够洞察不同利益相关者在社会网络中的交流、信任以及影响模式；③知识制图法。Reed 等还提出了利用生态系统理解利益相关者的方法，是将利益相关者的利益及其影响放在表格矩阵中来显示其在生态系统功能中的获益情况。生态系统的使用则根据农业用地的调节、生产、栖息地、承载和信息功能，通过提供的商品和服务对利益相关者进行确认与分类。这一矩阵既评价了利益相关者，又可得出以下信息：①利益相关者及其利益；②利益相关者的分类；③利益相关者与其他利益相关者相联系的信息；④利益相关者获得支持以及积极参与的最有效方法。

2.4.3 利益相关者分析的借鉴意义

目前，利益相关者分析的方法已经成为自然资源和自然保护区管理的有效工具。首先，调查分析利益相关者行为决策的动机和影响，是研究利益相关者参与自然保护区共管的前提，有助于缓解利益相关者之间资源保护与利用的矛盾，便于更好地实现自然保护区的可持续管理。

其次，在自然保护区的管理中，利益相关者的分析方法重视了解权力，并能够提高项目决策制定的透明度和公平性，以及强化边缘群体。在发展中国家的保护管理中，很多研究着重强调参与以及解决冲突的模型，也体现了参与自然资源管理的目标。

最后，利益相关者分析的方法论为自然保护区管理多方的问题提供了借鉴。利益相关者参与管理的观点认为，保护项目包含不同目标和价值观的利益相关者，项目管理者的作用是确保主要利益相关者的目标达成，可能的话其他利益相关者的目标也能满足。因此，调查分析自然保护区中的利益相关者主要是为了理解和预测利益相关者的行为，以及为有效解决问题制定策略。

2.5 利益相关者参与自然保护区共管的分析框架

2.5.1 自然保护区利益相关者的分析

为清晰地了解自然保护区的运行状况,需要从利益相关者的分析入手,利用人类生态系统理论和人与自然耦合系统的复杂性理论,探讨基于利益相关者的自然保护区运行状态。

首先,根据利益相关者的定义,确定系统中的利益相关者。先详细描述各利益相关群体在该系统中的利益与影响,再根据利益相关者对自然保护区保护和影响的潜在水平将其分为保护主义者、边缘保护主义者、开发者和边缘开发者4种类型。

其次,用社会网络分析的方法分析利益相关者之间的关系。调查案例自然保护区的利益相关者,建立利益相关者的关系网络,分析利益相关者在网络中的地位和控制能力等,从而分析利益相关者之间矛盾产生的根本原因,为缓解利益相关者之间的冲突、改善其行为和提高其意愿水平提供依据。

再次,用"利益—影响"关系矩阵进一步分析利益相关者之间的关系。本研究延伸了Reed等用来厘清利益相关者之间的"利益—影响"关系的矩阵,从资源的可持续性及利用方式的两个角度考察利益相关者之间的关系。矩阵表格主要考察每一类利益相关者在该系统中的利益/目标、行为活动、影响和与之相关的主要利益方,如表2.8所示。通过"利益—影响"关系矩阵可以得到利益相关者的关系图,由于围绕自然保护区的矛盾主要是对自然资源的开发利用和保护管理,据此可以调整利益相关者的关系图,基于人类生态系统理论建立自然保护区运行的现状模型,从而得到基于利益相关者的自然保护区运行的均衡模型。

表 2.8 利益相关者之间的"利益—影响"关系矩阵

利益相关者	利益/目标	行为活动	影响	与之相关的主要利益方

最后，依据人与自然耦合系统的复杂性在不同组织单元及时空范畴的表现，探讨如何从自然保护区运行的现状转变为均衡状态，寻求利益相关者对自然资源可持续利用的实现途径，为最终建构利益相关者参与自然保护区的共管机制提供依据。

2.5.2 利益相关者参与自然保护区社会—生态系统的运行机理分析

为进一步了解自然保护区社会—生态系统运行的现状及关键影响因素，利用社会—生态系统理论框架，分析保护区社会—生态系统可持续性水平及其影响因素。

首先，根据社会—生态系统理论框架中一、二级子系统变量及相关文献对更低层级变量的理解，建立自然保护区社会—生态系统子系统之间的逻辑关系框架与可持续性结果的四级指标体系，并解释四级指标选取的原因。

其次，先利用熵值法测算自然保护区社会—生态系统各子系统的指标权重、发展水平与系统运行的可持续性水平，分析影响系统运行结果的主要指标与主要贡献的子系统；再运用障碍度模型分析衡量阻碍系统运行的障碍因子，分析子系统与指标层障碍因子的变化趋势，讨论影响系统运行的关键因素。

最后，根据对系统运行可持续性的水平评价与障碍因子分析，结合建立的自然保护区社会—生态系统运行的逻辑框架，分析焦点行动情境与资源系统、资源单位、治理系统、行动者及社会、经济与政策环境之间的影响机理，并绘制系统运行的机理图。

2.5.3 利益相关者参与自然保护区共管机制的建构

在对利益相关者参与自然保护区共管意愿调查的基础上，结合利益相关者的分析、自然保护区运行的均衡模型以及自然保护区社会—生态系统的运行机理，构建我国利益相关者参与自然保护区共管的机制；搭建利益相关者参与自然保护区共管的平台，分析共管平台的可持续结构，讨论具体的实施措施与政策保障，为案例自然保护区以及我国其他具有相似背景的自然保护区的共管实践提供新的理论模式与可应用的实践依据。利益相关者参与自然保护区共管的分析框架如图2.3所示。

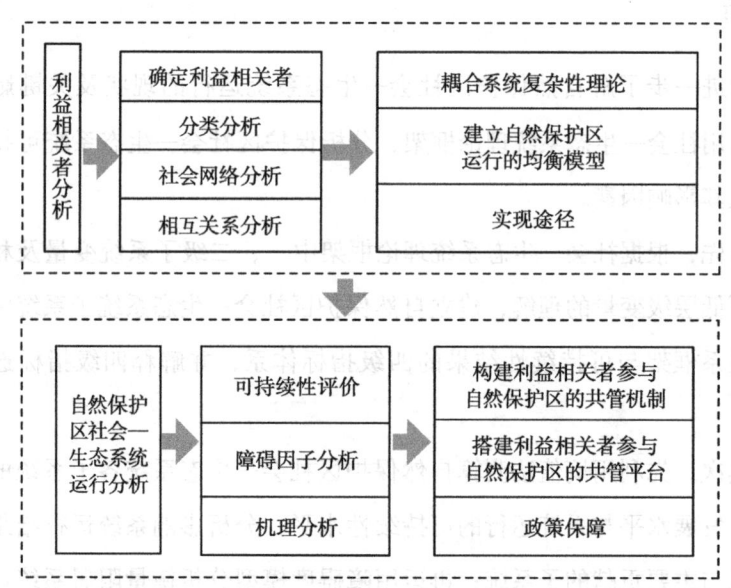

图2.3 利益相关者参与自然保护区共管的分析框架

第3章 我国自然保护区管理向利益相关者参与转变的现实需求

我国的自然保护区最初建立在借鉴国外自然保护区与国家公园管理经验的基础上。从第一个自然保护区建立至今的近70年中，政策的发展历经从关注野生动植物资源的保护到聚焦自然保护区的规划监管等多个方面的问题，不断增强自然保护区管理的有效性。同时，随着社会经济的快速发展，自然保护区的人类活动逐渐增多。因此，为缓解资源保护与利用之间的矛盾，找到制定合理规则的途径，本章回顾了我国自然保护区的政策演变历程和发展方向，主要分为建立萌芽时期、稳步发展时期、多元增长时期与改革创新时期，发现不同时期政策法规的适用性及其存在的问题，进一步分析自然保护区政策演进对资源保护影响的规律性特征，使政策与当前自然保护区管理的复杂性相协调，提升自然保护区内资源与生态系统的可持续性。

3.1 我国自然保护区政策演变历程

3.1.1 1956—1984年：建立萌芽时期

我国的自然保护区政策发展始于20世纪50年代。1956年，秉志和钱崇澍等5位著名科学家在第一届人大第三次会议的92号提案——"请政府在全国各省（区）划定天然森林禁伐区，保护自然植被以供科学研究的需要案"，可以看作我国自然保护区政策的起点，如表 3.1、图 3.1 所示。这一年我国建立了第一个自然保护区——广东鼎湖山自然保护区。同年，原林业部出台了《狩猎管理法草案》和《天然森林禁伐区（自然保护区）草案》，对我国自然保护区的建设、保护与管理提出了规范性要求。随后，国务院于 1962 年和 1963 年分别颁布了《关于积极保护和合理利用野生动物资源的指示》和《森林保护条例》，规定了自然保护区的划定和管理等方面的内容，并在多个省份划定了 15 处自然保护区，面积近 50 万公顷。1956 年之后的 10 年间，全国共建立了 22 个自然保护区。不过，在"文化大革命"期间自然保护区及自然资源遭到严重破坏，1973 年全国的自然保护区减少到 15 个。

表 3.1　1956—1984 年我国颁布的与自然保护区相关的主要政策

时期	年份	颁布/通过部门	政策名称	主要内容
建立萌芽时期	1956	全国人大常委会	"请政府在全国各省（区）划定天然森林禁伐区，保护自然植被以供科学研究的需要案"	提出在全国各省（区）划定天然森林禁伐区
	1962	国务院	《关于积极保护和合理利用野生动物资源的指示》	在保护的基础上合理利用
			《森林保护条例》	严格控制采伐
	1963	国务院	《水产资源繁殖保护条例》	保护水产资源繁殖
	1979	原国家科委、原国务院环保领导小组、原地质部等 8 部门	《关于加强自然保护区管理、区划和科学考察工作的通知》	对有特殊保护意义的地质剖面、冰川遗迹、岩溶、温泉、化石产地等自然历史遗迹开展区划和科学考察工作
	1982	全国人大常委会	《海洋环境保护法》	保护改善海洋环境资源

续表

时期	年份	颁布/通过部门	政策名称	主要内容
建立萌芽时期	1983	国务院办公厅	《国务院各部门的主要任务和职责》	环境保护部门负责自然保护区统筹规划，相关方针、政策、法规的研究制定
	1984	全国人大常委会	《森林法》	保护、培育和合理利用森林资源

资料来源：部分政策整理于生态环境部网站文件库、国家林业和草原局网站、国家法律法规数据库网站，未包括草案。

20世纪70年代末期，自然保护区重新得到关注。1979年，原国家科委、原国务院环保领导小组、原地质部等8部门发布了《关于加强自然保护区管理、区划和科学考察工作的通知》，要求对有特殊保护意义的地质剖面、冰川遗迹、岩溶、温泉和化石产地等自然历史遗迹开展区划和科学考察工作。经过几年对自然保护区及自然资源的考察研究，原国家环境保护局和中国科学院植物研究所于1987年出版了《中国珍稀濒危保护植物名录》。1982年，中国林学会、中国"人与生物圈"国家委员会召开了第一次全国自然保护区学术讨论会，并向全国人大提交了"把自然保护区建设列入国民经济计划"的提案。同一时期，全国人大常委会于1982年和1984年分别通过了《海洋环境保护法》和《森林法》，严格规定了保护海洋环境资源与合理利用森林资源。1983年，国务院办公厅发布的《国务院各部门的主要任务和职责》明确了环境保护部门对自然保护区的职责，为环境保护部门统筹规划自然保护区、研究制定相关政策法规提供了依据。

在这一时期，我国自然保护区颁布的政策涉及从建立需求到不同资源保护的法律规定，同时关注对自然保护区资源的调查，明确了自然保护区的主要职责部门。从1956年到1984年，我国颁布的与自然保护区相关的主要政策有8个，数量虽然不多，但在很大程度上推动了保护区的建立和发展（见图3.2）。到1984年底，全国共建有自然保护区274个，总面积

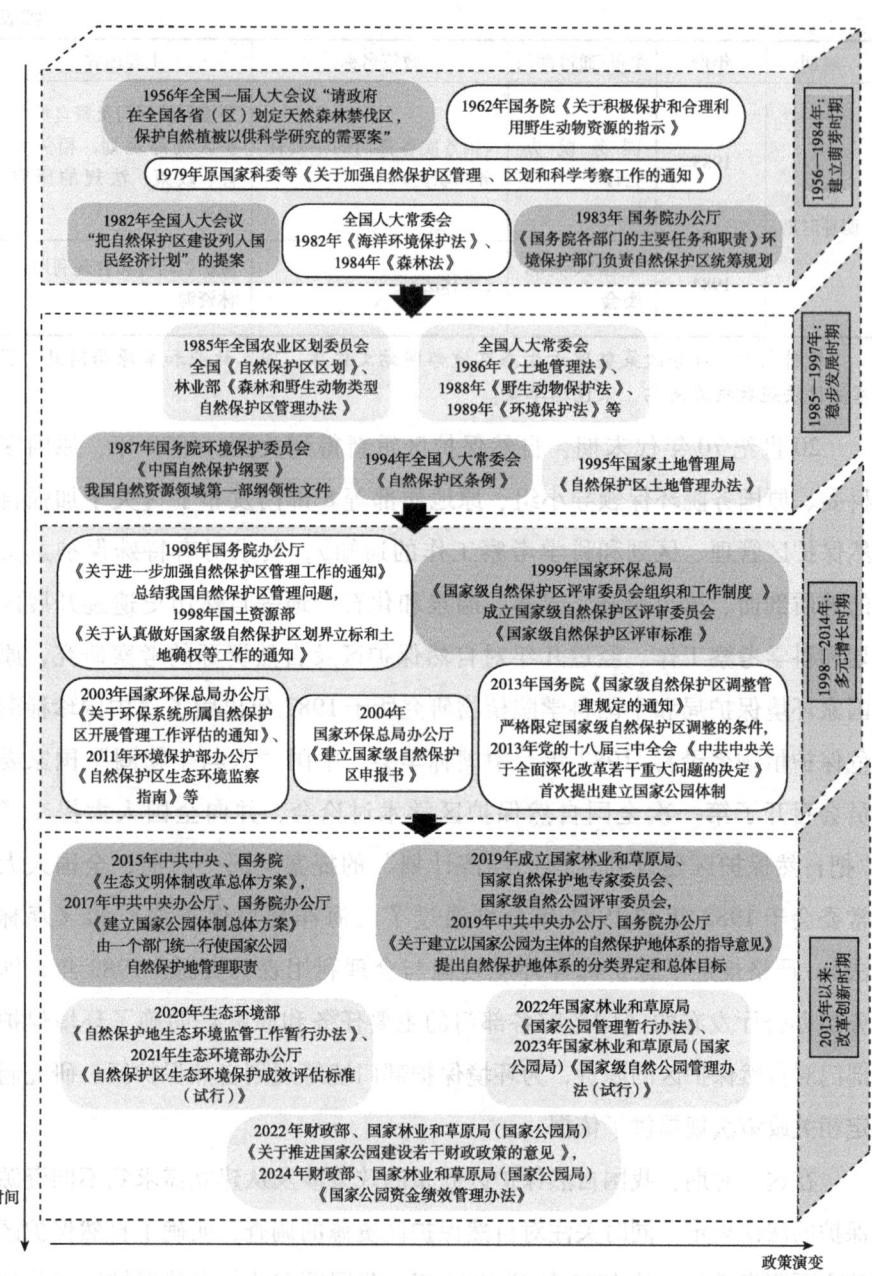

图 3.1 我国自然保护区不同时期的主要政策

达 1626 万公顷，占国土面积的 1.69%。因此，政策实施为自然保护区资源保护与建设管理工作的开展奠定了基础。

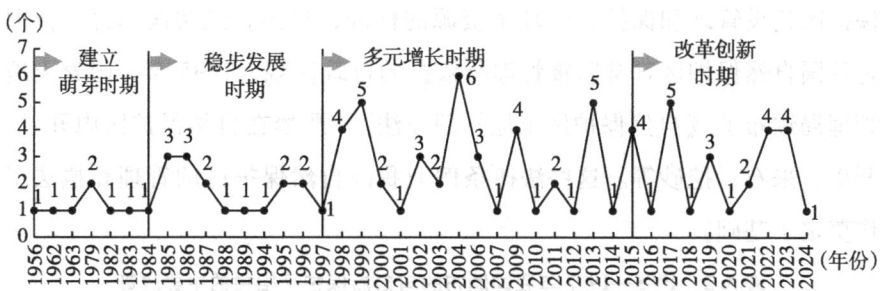

图 3.2　1956 年以来我国主要自然保护区政策法规颁布数量时间线

注：图中的政策数量叠加了政策法规修订、修正的年份与次数。

3.1.2　1985—1997 年：稳步发展时期

从 1985 年开始，我国逐年稳定发布有关自然保护区的政策，对多领域资源的保护与利用作出了规定，到 1997 年共颁布、修订以及修正主要政策法规 15 个，平均每年 1.2 个，如图 3.1、图 3.2、表 3.2 所示。全国人大常委会于 1985 年通过了《草原法》，1986 年通过了《矿产资源法》《土地管理法》和《渔业法》，1988 年通过了《野生动物保护法》，国务院于 1987 年和 1996 年分别出台了《野生药材资源保护管理条例》和《野生植物保护条例》，这些法规的制定让保护草原生态系统和珍稀濒危野生动植物资源，合理开发利用矿产、土地、渔业、野生药材资源和保护耕地有法可依。由于上述法规的实施，我国的自然资源得到了良好的保护，森林面积从 1950 年的 0.5 亿公顷增长到 1993 年的 1.3 亿公顷，森林覆盖率由 5.18% 上升至 13.9%。1989 年，在《环境保护法（试行）》颁布了 10 年之后，全国人大常委会通过了正式的《环境保护法》，为系统综合地保护和改善环境、防治污染及其他公害制定了规则。

同时，这一时期我国对自然保护区的关注度逐渐提高，制定了多个围绕自然保护区的政策法规。1987 年，国务院环境保护委员会颁布实施了我国自然资源领域第一部系统的纲领性文件——《中国自然保护纲要》。1994年，全国人大常委会通过了《自然保护区条例》，设立了自然保护区建设管理和保护自然环境资源的标准，目前，经两次修订，依旧是我国自然保护区日常监督管理所依据的行政法规。1995年，国家土地管理局颁布了《自然保护区土地管理办法》，严禁在自然保护区内开垦、开矿、采石、挖砂等。这些法律条例为我国自然保护区的管理和执法工作奠定了基础。

表3.2　1985—1997年我国颁布的与自然保护区相关的主要政策

时期	年份	颁布/通过部门	政策名称	主要内容
稳步发展时期	1985	全国人大常委会	《草原法》	保护草原生态系统
		全国农业区划委员会	全国《自然保护区区划》	全面多学科系统的调查研究
		林业部	《森林和野生动物类型自然保护区管理办法》	保护和发展珍贵稀有野生动植物资源，探寻合理利用途径
	1986	全国人大常委会	《矿产资源法》	矿产资源勘探、开发、利用、保护
			《土地管理法》	保护、开发、合理利用土地资源，保护耕地
			《渔业法》	渔业资源保护、增殖、合理开发利用
	1987	国务院	《野生药材资源保护管理条例》	保护、合理利用野生药材资源
		国务院环境保护委员会	《中国自然保护纲要》	我国自然资源领域第一部系统的纲领性文件
	1988	全国人大常委会	《野生动物保护法》	保护珍贵、濒危野生动物
	1989	全国人大常委会	《环境保护法》	保护改善环境，防治污染及其他公害

续表

时期	年份	颁布/通过部门	政策名称	主要内容
稳步发展时期	1994	全国人大常委会	《自然保护区条例》	自然保护区建设管理和保护自然环境资源标准
	1995	国家土地管理局	《自然保护区土地管理办法》	禁止在自然保护区内开垦、开矿、采石、挖砂等
	1996	国家海洋局	《海洋自然保护区管理办法》	加强海洋自然保护区的建设和管理
		国务院	《野生植物保护条例》	保护、合理利用野生植物资源
	1997	国家环保局、国家计委	《中国自然保护区发展规划纲要（1996—2010年）》	制定各地区自然保护区发展规划

资料来源：部分政策整理于生态环境部网站文件库、国家法律法规数据库网站，未包括草案。

除此之外，我国开始进行自然保护区区划与未来发展方向和目标的制定。1983年，全国农业区划委员会自然保护区专业组将1980年开始的全国25个省（自治区、直辖市）的自然保护区区划汇编成全国《自然保护区区划》，于1985年通过鉴定。进入20世纪90年代，国家环保局和国家计委在1997年发布了《中国自然保护区发展规划纲要（1996—2010年）》，督促各地区制定自然保护区的发展规划。随着自然保护区政策的稳步发展，全国自然保护区的数量也快速增加。从1985年的310个增长到1997年的932个，从占国土面积的2%增长到7.7%，扩大了我国自然生态保护的范围和职能。

3.1.3 1998—2014年：多元增长时期

1998年以后，自然保护区的政策法规增长迅速，到2014年共发布及修订、修正主要政策41个，其中，2005年6个，1999年和2013年各5个，平均每年2.4个，主要围绕加强自然保护区管理、制定评估标准、调整范围及功能区的政策方面，并且更加关注自然保护区管理质量的提升，体现了多元化的增长和发展，如图3.1、图3.2、表3.3所示。

由于自然保护区数量迅速增加，1999年全国自然保护区的数量为1149个，2004年增长到2194个，对自然保护区的管理工作提出了更高要求。1998年国务院办公厅发布的《关于进一步加强自然保护区管理工作的通知》与2002年国家环保总局办公厅发布的《关于进一步加强自然保护区建设和管理工作的通知》总结了我国自然保护区管理中存在的问题，主要表现在一些地方、部门和单位对自然保护区工作的重要性认识不足；管理机构不健全，人员不足，全国1/3的自然保护区尚未建立管理机构，基本处于批而不建、建而不管的状态；部分自然保护区边界范围和土地权属不清，内部人口增加，开发与保护冲突加剧；资金投入严重不足，许多自然保护区的管理工作仅维持在简单的看护水平上。因此，需要加强不同部门、保护区与居民之间的协调管理，加快土地确权，建立健全管理机构，完善自然保护区的制约机制。自此，多部门发布了自然保护区的建设监管和评审管理文件。

首先，自然保护区管理的建设监管政策逐渐完善。1998年，国土资源部出台了《关于认真做好国家级自然保护区划界立标和土地确权等工作的通知》，不仅明确了自然保护区划界，而且有利于从确立权属方面减少土地纠纷、侵占或改变自然保护区土地现状的情况。1999年，针对自然保护区涉及的开发建设项目管理，国家环保总局发布了《关于涉及自然保护区的开发建设项目环境管理工作有关问题的通知》，要求对保护区中建设项目严格执行环境影响评价与审批流程。为提高国家级自然保护区区划的合理性，2002年国家环保总局办公厅印发了《国家级自然保护区总体规划大纲》，要求按照《自然保护区条例》进行科学的功能区分区，有效减少盲目开发利用。2003年，国家环保总局制定了《自然保护区管护基础设施建设技术规范》，对自然保护区内部基础设施建设作出了规范性要求。2007年，国家环保总局、建设部、文化部与国家文物局联合发布了《关于加强涉及自然保护区、风景名胜区、文物保护单位等环境敏感区影视拍摄和大型实景演艺活动管理的通知》，规定在核心区和缓冲区禁止影视拍摄、实景演艺活动，演出后进行拆除、生态恢复，具体地限制了自然保护区中的利用活动。

其次，自然保护区政策制定逐渐关注国家级自然保护区的申报、评审和检查的规范体系。在国家级自然保护区申报范本编制方面，2004年，国家环保总局办公厅发布了《建立国家级自然保护区申报书》，并于2008年更新范本。2010年和2011年，国务院办公厅和国家林业局分别发布了《关于做好自然保护区管理有关工作的通知》和《国家林业局关于进一步加强林业系统自然保护区管理工作的通知》，旨在加强自然保护区的规范化管理。2014年，环境保护部办公厅发布了《涉及国家级自然保护区建设项目生态影响专题报告编制指南（试行）》，规范了建设项目生态影响专题报告的标准。在评审和监督检查方面，1999年，国家环保总局发布了《国家级自然保护区评审委员会组织和工作制度》，成立了国家级自然保护区评审委员会，同时建立《国家级自然保护区评审标准》。2000年，国务院出台了《全国生态环境保护纲要》，规定"环保部门要做好综合协调与监督工作……地方各级政府要结合本地实际，确定本辖区的生态环境重点保护与监管区域，形成上下配套的生态环境保护与监管体系"。从2003年国家环保总局办公厅发布的《关于环保系统所属自然保护区开展管理工作评估的通知》开始，要求对已建自然保护区进行管理评估。2004年，国家环保总局办公厅通过了《关于加强自然保护区管理有关问题的通知》，进一步稳定自然保护区部门管理的权属关系。2006年，国家环保总局出台了《国家级自然保护区监督检查办法》，规定国务院环境保护行政主管部门将对每个国家级自然保护区的建设管理进行定期评估。2011年，为加大对涉及自然保护区违法开发建设、资源不合理利用等生态破坏行为的环境执法力度，环境保护部办公厅出台了《自然保护区生态环境监察指南》，明确了生态环境监察的法规依据、监察程序和处理办法。自此，自然保护区的监督检查成为管理工作的主要内容。

表 3.3　1998—2014 年我国颁布的与自然保护区相关的主要政策

时期	年份	颁布/通过部门	政策名称	主要内容
多元增长时期	1998	国务院办公厅	《关于进一步加强自然保护区管理工作的通知》	对存在的问题加强管理
		国土资源部	《关于认真做好国家级自然保护区划界立标和土地确权等工作的通知》	自然保护区划界、内部土地权属确认和登记发证
	1999	国家环保总局	《关于涉及自然保护区的开发建设项目环境管理工作有关问题的通知》	严格执行环境影响评价与审批
		国家环保总局	《国家级自然保护区评审委员会组织和工作制度》	成立国家级自然保护区评审委员会
		国家环保总局	《国家级自然保护区评审标准》	制定评审指标体系
		国家环保总局	《全国环保系统国家级自然保护区的发展规划(1999—2030年)》	大约10年内建立一批具有指导意义的国家级自然保护区
	2000	国务院	《全国生态环境保护纲要》	形成上下配套的生态环境保护与监管体系
	2001	国家林业局编制、国家计委批准	《全国野生动植物保护及自然保护区建设工程总体规划》	未来50年全国野生动植物保护及自然保护区建设全面规划、工程建设
		国务院	《国家级自然保护区范围调整和功能区调整及更改名称管理规定》	国家级自然保护区范围、功能区及名称变更改随意变更改
	2002	国家环保总局办公厅	《国家级自然保护区总体规划大纲》	制定各地区生态环境保护规划
		国家环保总局办公厅	《关于进一步加强自然保护区建设和管理工作的通知》	环境保护部门负责土地划界立标,土地确权综合协调监督,国土部门负责土地确权登记等

续表

时期	年份	颁布/通过部门	政策名称	主要内容
多元增长时期	2003	国家环保总局办公厅	《关于环保系统所属自然保护区开展管理工作评估的通知》	要求各部门对已建自然保护区管理评估
		国家环保总局	《自然保护区管护基础设施建设技术规范》	规范自然保护区建设管理
		国家环保总局办公厅	《建立国家级自然保护区申报书》	规范国家级自然保护区建立申报书标准
	2004	国家环保总局办公厅	《国家级自然保护区功能区调整申报书》	规范国家级自然保护区功能区调整申报书标准
		国家环保总局办公厅	《国家级自然保护区范围调整和更改名称申报书》	规范国家级自然保护区范围调整、更名申报书
		国家环保总局办公厅	《关于加强自然保护区管理有关问题的通知》	稳定国家级自然保护区部门管理权属关系,加强自然保护区监督检查
		国家环保总局	《国家级自然保护区监督检查办法》	国家级自然保护区定期评估
	2006	国务院	《风景名胜区条例》	明确风景名胜区与自然保护区关系
		国家林业局	《全国林业自然保护区发展规划（2006—2030年）》	制定本地区自然保护区发展目标、基数、建立和晋升自然保护区
	2007	国家环保总局、建设部、文化部、国家文物局	《关于加强涉及自然保护区等环境敏感区影视拍摄和大型实景演艺活动管理的通知》	核心区和缓冲区禁止影视拍摄、实景演艺活动,演出后拆除、生态恢复
	2008	国家环保总局办公厅	《建立国家级自然保护区申报书》	更新申报范本
		国家环保总局办公厅	《国家级自然保护区范围调整、功能区调整及变更改名称申报书的通知》	更新申报范本

续表

时期	年份	颁布/通过部门	政策名称	主要内容
多元增长时期	2010	国务院办公厅	《关于做好自然保护区管理有关工作的通知》	制定规范管理原则
	2011	环境保护部办公厅	《自然保护区生态环境监察指南》	明确法规依据,监察程序、处理办法
		国家林业局	《国家林业局关于进一步加强林业系统自然保护区管理工作的通知》	加强森林、湿地、荒漠、野生动物和野生植物类型自然保护区建设科学化、规范化管理
	2012	环境保护部办公厅	《国家级自然保护区范围和功能区调整申报材料编制规范》	规范申报材料
		国务院	《国家级自然保护区调整管理规定的通知》	国家级自然保护区原则上不得缩小核心区、缓冲区面积
	2013	党的十八届三中全会	《中共中央关于全面深化改革若干重大问题的决定》	首次提出建立国家公园体制
	2014	环境保护部办公厅	《涉及国家级自然保护区建设项目生态影响专题报告编制指南(试行)》	规范国家级自然保护区建设项目生态影响评价和管理

资料来源:部分政策整理于生态环境部网站文件库、国家林业和草原局网站、国家法律法规数据库网站,未包括草案。

最后，虽然有关自然保护区的政策法规发展较快，但是由于自然保护区周边社会经济发展需求迅速扩大，不断出现资源的开发利用与保护管理相冲突的现象。截至 2018 年，全国共有 43 个国家级自然保护区由于内部存在人口密集村镇，或为建设项目需要调整了面积和功能区，主要集中在野生动物、森林和湿地类型的自然保护区，如表 3.4 所示。为使国家级自然保护区调整规范化，2002 年国务院发布了《国家级自然保护区范围调整和功能区调整及更改名称管理规定》，要求"国家级自然保护区范围和功能区及名称不得随意调整更改"。2004 年国家环保总局办公厅发布了《国家级自然保护区功能区调整申报书》以及《国家级自然保护区范围调整和更改名称申报书》，规范了国家级自然保护区功能区和范围调整、更名申报书标准，之后，国家环保总局办公厅于 2008 年在《国家级自然保护区范围调整、功能区调整及更改名称申报书的通知》中更新了范本。2012 年，环境保护部办公厅发布了《国家级自然保护区范围和功能区调整申报材料编制规范》，规范了申报材料。由表 3.4 可以看出，国家级自然保护区的面积调整中缩小的情况多集中于 2011 年、2012 年、2014 年和 2017 年。到了 2013 年，国务院发布了《国家级自然保护区调整管理规定的通知》，规定"调整国家级自然保护区原则上不得缩小核心区、缓冲区面积，应确保主要保护对象得到有效保护，不破坏生态系统和生态过程的完整性，不损害生物多样性，不得改变自然保护区性质。对于面积偏小，不能满足保护需要的国家级自然保护区，应鼓励扩大保护范围。自批准或调整之日起，原则上五年内不得进行调整"，对国家级自然保护区的调整限定了较为严格的条件。2019 年以后，国家级自然保护区调整的情况基本杜绝。

表 3.4　2003—2018 年国家级自然保护区面积调整情况　　单位：公顷

序号	国家级自然保护区名称	类型	主管部门	调整年份	调整前总面积	调整后总面积	总面积变化量
1	云南南滚河	野生动物	林业	2003	70.82	508.87	438.05
2	云南哀牢山	森林	林业		503.6	677	173.4
3	海南霸王岭	野生动物	林业		66.26	299.8	233.54
4	福建龙栖山	森林	林业		126	156.93	30.93
5	宁夏贺兰山	森林	林业		616.3	2062.66	1446.36
6	辽宁大连蛇岛老铁山	野生动物	环保	2009	14595	9072	-5523
7	宁夏贺兰山	森林	林业		2062.66	1935.35	-127.31
8	广西防城金花茶	野生植物	环保		9195.1	9098.6	-96.5
9	长江上游珍稀特有鱼类	野生动物	农业	2011	33174.2	31713.8	-1460.4
10	宁夏白芨滩	荒漠	林业		74843	70643	-4200
11	河北衡水湖	内陆湿地	林业		18787	17006	-1781
12	内蒙古图牧吉	野生动物	环保		94831	76210	-18621
13	辽宁丹东鸭绿江湿地	海洋海岸	环保	2012	101000	81430	-19570
14	江苏盐城湿地珍禽	野生动物	环保		284179	247260	-36919
15	甘肃祁连山	森林	林业		230000	1987200	1757200
16	青海三江源	内陆湿地	林业		15234179	14825223	-408956
17	河北昌黎黄金海岸	海洋海岸	海洋		30000	33438	3438
18	内蒙古西鄂尔多斯	野生植物	环保		471989	460024	-11965
19	辽宁努鲁儿虎山	森林生态	林业		13832.1	16128.6	2296.5
20	黑龙江五大连池	地质遗迹	国土		106000	100340	-5660
21	湖南乌云界	森林	环保		33818	33339.62	-478.38
22	重庆大巴山	森林	林业	2014	136017	98900	-37117
23	西藏芒康滇金丝猴	野生动物	林业		185300	179810	-5490
24	新疆托木尔峰	森林	林业		237600	380480	142880
25	河北小五台山	森林	林业		21833	26700	4867
26	辽宁大连斑海豹	野生动物	农业		672275	561975	-110300
27	吉林雁鸣湖	内陆湿地	林业		53940	55016	1076

续表

序号	国家级自然保护区名称	类型	主管部门	调整年份	调整前总面积	调整后总面积	总面积变化量
28	内蒙古大黑山	森林	环保	2017	86799	87000	201
29	黑龙江饶河东北黑蜂	野生动物	环保		676500	523762	-152738
30	湖南东洞庭湖	内陆湿地	林业		190000	157627	-32373
31	广西九万山	森林生态	林业		25212.8	23679.8	-1533
32	四川花萼山	森林生态	环保		48203.39	46534.37	-1669.02
33	云南白马雪山	森林	林业		2816.4	2821.06	4.66
34	黑龙江乌伊岭	内陆湿地	林业		44773	51597	6824
35	吉林松花江三湖	森林	林业		151009	152541	1532
36	贵州习水中亚热带常绿阔叶林	森林	林业		48666	51911	3245
37	吉林黄泥河	森林	林业	2018	41583	58533	16950
38	黑龙江兴凯湖	内陆湿地	林业		222488	224605	2117
39	安徽金寨天马	森林生态	林业		28913.7	28974.5	60.8
40	山东长岛	野生动物	林业		5015.2	5591	575.8
41	河南丹江湿地	内陆湿地	林业		64027	64111.77	84.77
42	重庆金佛山	野生植物	林业		41850	40597	-1253
43	云南会泽黑颈鹤	野生动物	环保		12910.64	13898.31	987.67

资料来源：生态环境部国家级自然保护区调整公示。

在这一时期，自然保护区相关政策的多元化发展还体现在制定自然保护区的发展规划方面。国家环保总局和国家林业局分别于1999年和2006年制定了《全国环保系统国家级自然保护区的发展规划（1999—2030年）》和《全国林业自然保护区发展规划（2006—2030年）》，旨在用10年左右时间建立一批类型齐全、分布合理、建设和管理科学、具有指导意义的国家级自然保护区，在全国范围内起到示范作用。2001年，由国家林业局编制、国家计委批准的《全国野生动植物保护及自然保护区建设工程总体规划》，展望了未来50年全国野生动植物及自然保护区建设全面规划、工程建设。依据上述规划，全国自然保护区建设管理将分阶段、依目标有序开展。

3.1.4 2015年以来：改革创新时期

2015年以后颁布的政策不仅延续了对自然保护区的监督检查，而且创新性地提出了"以国家公园为主体的自然保护地体系建设"。从2015年到2024年，共颁布、修订、修正相关政策26个，平均每年2个，涉及规划方案、管理办法、空间布局与资金绩效等多个方面，全面保障了国家公园的体制改革，如图3.1、图3.2、表3.5所示。

首先，自然保护区的评估监管政策趋于完善。我国自然保护区的数量和面积逐渐庞大，2014年底，保护区数量达到2729个，占国土面积的14.8%，而已建机构和配备管理人员的保护区数量不足，全国已建机构的保护区占全部数量的68%左右，平均每个保护区配备人员仅有16人，导致保护区中的违规开发建设问题难以清除。2015年，环境保护部对甘肃祁连山国家级自然保护区进行遥感监测与实地核查，发现该保护区内存在明显的矿产资源开发、水电设施建设和旅游设施未批先建与局部生态环境有所恶化的情况。因此，同年环境保护部等10部门联合发布了《关于进一步加强涉及自然保护区开发建设活动监督管理的通知》，以及环境保护部下发了《关于下放和取消自然保护区有关事前审查事项做好监督管理工作的通知》，严禁自然保护区内不符合规定的开发建设活动，并下放和取消自然保护区有关事前审查事项，简政放权。2016年上半年，生态环境部对全国446个国家级自然保护区进行了人类活动遥感监测，发现在2013—2015年，共有297个国家级自然保护区新增人类活动3780处，涉及面积2339平方千米，核心区和缓冲区新增活动1466处。2017年，环境保护部、国土资源部、水利部、农业部、国家林业局、中国科学院和国家海洋局联合开展了"绿盾2017"国家级自然保护区监督检查专项行动。同年，环境保护部发布了《自然保护区管理评估规范》，规定自然保护区管理评估每5~10年开展一次。2018年，生态环境部、自然资源部、水利部、农业农村部、国家林业和草原局、中国科学院和国家海洋局继续开展"绿盾2018"自然保护区监督检查专项行动，严肃查处违法违规活动，加强监督管理。

除加强监督检查力度之外，2020年，生态环境部印发了《自然保护地生态环境监管工作暂行办法》，鼓励公民、法人和其他组织依据《环境保护公众参与办法》参与自然保护地生态环境保护监督。2021年，国家林业和草原局发布了《关于委托实施建设项目使用林地、草原及在森林和野生动物类型国家级自然保护区建设行政许可》的公告，在森林和野生动物类型国家级自然保护区修筑设施，矿藏开采、工程建设将征收、征用或者使用草原行政许可。同年，生态环境部办公厅发布了《自然保护区生态环境保护成效评估标准（试行）》，使评估更加科学规范。2022年，生态环境部发布的《关于国家级自然保护区生态环境问题整改销号的指导意见》中规定，对于违法违规活动停止、处罚赔偿执行到位、整治恢复取得实效的国家级自然保护区问题，允许整改销号，我国自然保护区的监督评估工作更为深化。

其次，这一时期是我国国家公园体系的自然保护地建设孕育和改革的重要时期。2013年，党的十八届三中全会通过的《中共中央关于全面深化改革若干重大问题的决定》首次提出建立国家公园体制。2015年，中共中央、国务院发布的《生态文明体制改革总体方案》中，对国家公园体制的具体要求为"改革各部门分头设置自然保护区、风景名胜区、文化自然遗产、地质公园、森林公园等的体制，对上述保护地进行功能重组，合理界定国家公园范围。国家公园实行更严格保护"。2019年，国家林业和草原局办公室成立国家林业和草原局、国家自然保护地专家委员会、国家级自然公园评审委员会，参与国家公园、国家级自然保护区、国家级自然公园等国家自然保护地设立与晋升；同年，在中共中央办公厅和国务院办公厅发布的《关于建立以国家公园为主体的自然保护地体系的指导意见》中，指出我国自然保护地"依然存在重叠设置、多头管理、边界不清、权责不明、保护与发展矛盾突出等问题"，提出了自然保护地体系的分类界定、总体要求和体制保障。

表 3.5 2015—2024 年我国颁布的与自然保护区相关的主要政策

时期	年份	颁布/通过部门	政策名称（相应措施）	主要内容
改革创新时期	2015	环境保护部、国家发展改革委、财政部、国土资源部、住房和城乡建设部、水利部、农业部、国家林业局、中国科学院、国家海洋局	《关于进一步加强涉及自然保护区开发建设活动监督管理的通知》	严禁自然保护区内不符合规定的开发建设活动
		环境保护部	《关于下放和取消自然保护区有关事项前审查事项做好监督管理工作的通知》	简政放权
		中共中央、国务院	《生态文明体制改革总体方案》	改革各部门分头设置自然保护区、风景名胜区、文化自然遗产、地质公园、森林公园等的体制
	2017	国家林业局	《国家级自然保护区总体规划审批管理办法》	推进国家级自然保护区总体规划审批管理规范化、制度化
		环境保护部、国土资源部、水利部、农业部、国家林业局、中国科学院和国家海洋局	"绿盾 2017"国家级自然保护区监督检查专项行动	严肃查处自然保护区中违法违规活动，加强监督管理
	2018	环境保护部、自然资源部	《自然保护区管理评估规范》	规范自然保护区建设管理
		生态环境部、自然资源部、农业农村部、国家林业和草原局、中国科学院和国家海洋局	"绿盾 2018"自然保护区监督检查专项行动	严肃查处自然保护区中违法违规活动，加强监督管理
		国家林业和草原局	成立国家林业和草原局、国家公园自然级自然保护地专家委员会，国家级自然公园评审委员会	国家自然保护地设立、晋升、范围调整、撤销等评审
	2019	中共中央办公厅、国务院办公厅	《关于建立以国家公园为主体的自然保护地体系的指导意见》	建立以国家公园为主体的自然保护地体系

续表

时期	年份	颁布/通过部门	政策名称(相应措施)	主要内容
改革创新时期	2020	生态环境部	《自然保护地生态环境监管工作暂行办法》	鼓励社会参与自然保护地生态环境保护和监督
	2021	国家林业和草原局	《关于委托实施建设项目使用林地、草原及在森林和野生动物类型国家级自然保护区建设行政许可》	征收、征用或者使用草原行政许可
		生态环境部办公厅	《自然保护区生态环境保护成效评估标准(试行)》	自然保护区生态环境保护成效评估的科学规范化
		生态环境部	《关于国家级自然保护区生态环境问题整改销号的指导意见》	规范国家级自然保护区生态环境问题整改销号
	2022	国家林业和草原局	《国家公园管理暂行办法》	国家公园核心保护区原则上禁止人为活动
		财政部、国家林业和草原局(国家公园局)	《关于推进国家公园建设若干财政政策的意见》	到2025年基本建立以国家公园为主体的自然保护地体系财政保障制度,到2035年完善健全以国家公园为主体的自然保护地体系财政保障制度
		国家林业和草原局、国家发展改革委、财政部、自然资源部、农业农村部	《国家公园等自然保护地建设及野生动植物保护重大工程建设规划(2021—2035年)》	全面建成以国家公园为主体、自然保护区为基础、自然公园为补充的中国特色自然保护地体系
		国家林业和草原局、财政部、自然资源部、生态环境部	《国家公园空间布局方案》	遴选49个国家公园候选区
	2023	国家林业和草原局(国家公园局)	《国家级自然公园管理办法(试行)》	明确定义、监督管理、合理利用

续表

时期	年份	颁布/通过部门	政策名称（相应措施）	主要内容
改革创新时期	2023	生态环境部	《自然保护地生态环境调查与观测技术规范》	规范技术方法和质量控制要求
	2024	财政部、国家林业和草原局（国家公园局）	《国家公园资金绩效管理办法》	促进提高政策实施效果，提升国家公园补助资金使用效益

资料来源：部分政策整理于生态环境部网站文件库、国家林业和草原局网站、国家法律法规数据库网站，未包括草案。

接下来，针对国家公园体系建设出台了一系列的政策法规。2022年，国家林业和草原局出台了《国家公园管理暂行办法》，规定了国家公园的监督管理与日常协作机制以及在保护管理中开展活动的条件。2023年，国家林业和草原局（国家公园局）又颁布了《国家级自然公园管理办法（试行）》，明确了国家级自然公园的定义、申报条件与合理利用规定。为全面建设以国家公园为主体、自然保护区为基础、自然公园为补充的中国特色自然保护地体系，2022年，国家林业和草原局、国家发展改革委、财政部、自然资源部与农业农村部发布了《国家公园等自然保护地建设及野生动植物保护重大工程建设规划（2021—2035年）》。2023年，在国家林业和草原局、财政部、自然资源部与生态环境部制定的《国家公园空间布局方案》中，遴选49个国家公园候选区，涉及28个省份，总面积约110万平方千米。同年，生态环境部出台了《自然保护地生态环境调查与观测技术规范》，规范技术方法和质量控制要求。在财政与资金管理方面，2022年，财政部与国家林业和草原局（国家公园局）发布了《关于推进国家公园建设若干财政政策的意见》，其中规定"到2025年……基本建立以国家公园为主体的自然保护地体系财政保障制度，保障国家公园体系建设积极稳妥推进。到2035年，完善健全以国家公园为主体的自然保护地体系财政保障制度"。2024年，为提高政策实施效果、提升国家公园补助资金使用效益，财政部与国家林业和草原局（国家公园局）颁布了《国家公园资金绩效管理办法》。以上政策措施有力地支撑了国家公园体系的建设，为我国以国家公园为主体的自然保护地政策的创新发展奠定了坚实的基础，由此，我国自然保护区的政策体制进入高水平发展时期。

3.2 我国自然保护区政策演进对资源保护的规律性特征

3.2.1 政策演进呈现螺旋式上升特征

一方面，政策涉及领域与内容逐渐规范化创新，由不同领域的资源保护逐渐转向全面具体的管理政策，数量不断增长。在建立萌芽时期，主要借助多资源领域的法规管理自然保护区。从稳步发展时期开始，政策逐渐转向有关自然保护区建设管理、申报评估和规划方面，自然保护区监管政策更为具体和规范化。从1956年到1997年前两个发展时期，共颁布、修订和修正主要自然保护区的相关法律政策23个，平均每年0.55个，如图3.2所示。出台修订和修正政策最多的年份是1985年和1986年，均为3个。从多元增长时期开始，政策高频稳定发布。自1998年以来，国家共发布、修订和修正法律政策67个，其中，有9个年份超过3个，发布数量最多的2005年为6个，1999年、2013年和2017年均为5个。因此，进入多元增长和改革创新时期之后，政策的颁布实施全面深入地规范了自然保护区的建设管理工作，提升了保护区的管理水平。

另一方面，"以国家公园为主体的自然保护地体系建设"革新性地结束了自然保护区管理中的多部门管理问题。早在1983年，国务院办公厅发布的《国务院各部门的主要任务和职责》中就明确了环境保护部门在自然保护区管理中的职责是统筹规划与研究制定相关政策法规。20世纪90年代以前，自然保护区按行业和类型由有关部门管理，缺乏统一监督和综合管理，影响了我国自然保护区的建设。因此，1994年《自然保护区条例》颁布之后，我国形成了环境保护部门综合管理，林业、农业、海洋、地矿、水利、建设等分部门管理相结合的自然保护区管理体制。林业等有关部门在各自职责范围内主管相关的自然保护区，环境保护行政主管部门实行统一监督管理。当时，这种管理体制符合我国自然保护区建设管理的实际需要，有利于加强综合管理与发挥相关部门的积极性，也是我国自然保护区管理的基本管理体制。

随着我国自然保护区数量和面积的快速扩大，原有的管理体制已不能满足出现的新要求。在自然保护区管理中普遍存在同一个自然保护区部门割裂、多头管理、边界不清、权责不明、保护与发展矛盾突出等问题，导致了保护管理效能不高的情况。2013年党的十八届三中全会提出建立国家

第3章 我国自然保护区管理向利益相关者参与转变的现实需求

公园体制，2015年中共中央、国务院印发的《生态文明体制改革总体方案》和2017年中共中央办公厅、国务院办公厅印发的《建立国家公园体制总体方案》中均强调要"改革分头设置自然保护区、风景名胜区、文化自然遗产、地质公园、森林公园等的体制"，"由一个部门统一行使国家公园自然保护地管理职责"，"形成自然生态系统保护的新体制新模式"。2019年，中共中央办公厅、国务院办公厅印发的《关于建立以国家公园为主体的自然保护地体系的指导意见》中指出要"整合各类自然保护地，解决自然保护地区域交叉、空间重叠的问题"，"做到一个保护地、一套机构、一块牌子"。至此，我国自然保护区经历了从最初的有关部门单独管理到环境保护部门综合协调监督管理以及当前国家林业和草原局作为主管部门统一管理国家级自然公园的管理体制，符合当前时期自然保护地体系的建设需求，是我国自然保护政策发展历程中质的变革，对自然保护区的高效协同管理具有重要意义。

因此，我国自然保护区的政策演进呈现"政策发布—科研管理实践—归纳存在问题—推陈出新"的螺旋式上升特征，如图3.3所示。在前一时期政策发展的基础上发布新规定，经过一段时间的管理实践与分析研究，在当前时期外部环境与自然保护区管理的相互作用下，如社会经济发展需求的变化等，在改善不足的同时发现总结新问题，推动政策不断更迭，进入新的发展时期。

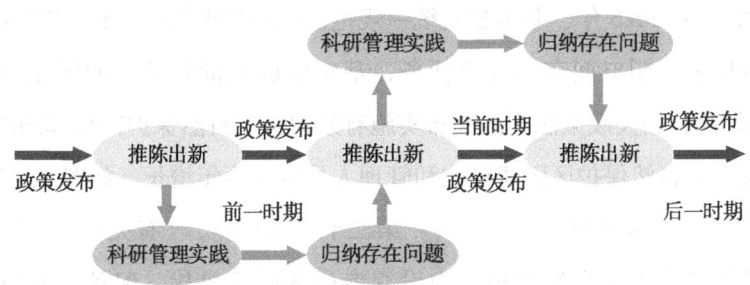

图3.3 我国自然保护区政策演进的螺旋式上升逻辑示意图

3.2.2 政策实施推动了自然保护区的发展

首先,自我国建立第一个自然保护区以来,自然保护区的数量和面积呈阶梯式跃迁,如图3.4所示。1956年"请政府在全国各省(区)划定天然森林禁伐区,保护自然植被以供科学研究的需要案",以及1982年"把自然保护区建设列入国民经济计划"的全国人大提案,推动了自然保护区的数量和面积缓慢增加。1984年底,全国自然保护区的数量增长到274个,国土面积占比上升到了1.69%。1987年国务院环境保护委员会颁布实施的《中国自然保护纲要》以及1989年全国人大常委会正式颁布的《环境保护法》,加快了自然保护区的建设,是自然保护区数量和面积第二次大幅提升的主要政策原因,于是,1991年自然保护区的数量增加到708个,国土面积占比跨越式地增长到5.82%。在自然保护区政策的多元增长时期,1999年国家环保总局《全国环保系统国家级自然保护区的发展规划(1999—2030年)》以及2000年国务院《全国生态环境保护纲要》等一系列政策法规的制定,使自然保护区的发展出现了第三次跃迁。2001年,全国自然保护区的数量增长到1551个,面积占比达到12.9%,2003年面积占比提升到14.37%,随后缓慢增加。截至2017年,我国自然保护区的数量增长到2750个,国土面积占比为15.33%。在2023年国家林业和草原局、财政部、自然资源部和生态环境部发布的《国家公园空间布局方案》中规划,"到2025年,基本建立统一规范高效的管理体制。到2035年,基本完成国家公园空间布局建设任务,基本建成全世界最大的国家公园体系"。因此,相关政策法规的颁布实施有效促进了自然保护区规模的增长。

其次,自然保护区已建机构和管理人员数量逐年增长,如图3.5所示。1994年通过的《自然保护区条例》第二十一条规定,"有关自然保护区行政主管部门应当在自然保护区内设立专门的管理机构,配备专业技术人员"。到1997年,全国自然保护区共有管理人员17015人,已建机构和配备管理人员的保护区为618个,占全国保护区总数的66.74%,平均每个

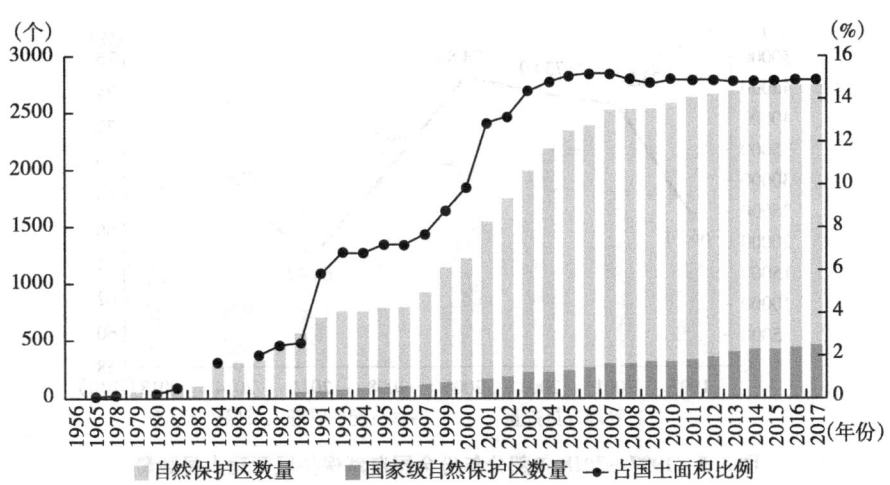

图 3.4　1956—2017 年全国自然保护区数量及面积占比变化趋势

资料来源：部分研究文献与各年份《中国统计年鉴》。

已建机构配备的管理人员为 27.53 人，而全国保护区平均配备的管理人员仅为 18.26 人。1998 年 8 月国务院办公厅发布的《关于进一步加强自然保护区管理工作的通知》与 2002 年国家环保总局办公厅发布的《关于进一步加强自然保护区建设和管理工作的通知》均提到，一些保护区基本处于批而不建、建而不管的状态，需要建立健全管理机构。此后，全国自然保护区管理人员和机构数量逐年增长。到 2005 年，全国自然保护区管理人员数量达到 38143 人，已建机构和配备管理人员的保护区有 1759 个，占全国保护区总数的比例达到最高，为 74.88%。2018 年为 4.5 万人，但是由于自然保护区的数量增长较快，全国保护区平均配备的管理人员仅为 16.36 人。因此，我国自然保护区的管理机构和人员数量虽然不断提高，但是目前来看仍有待补足。

3.2.3　群众工作始终是政策内容之一

综观近 70 年来自然保护区建设管理方面的政策法规，发现群众工作始终是自然保护区的政策内容之一。1962 年国务院发布的《关于积极保护和

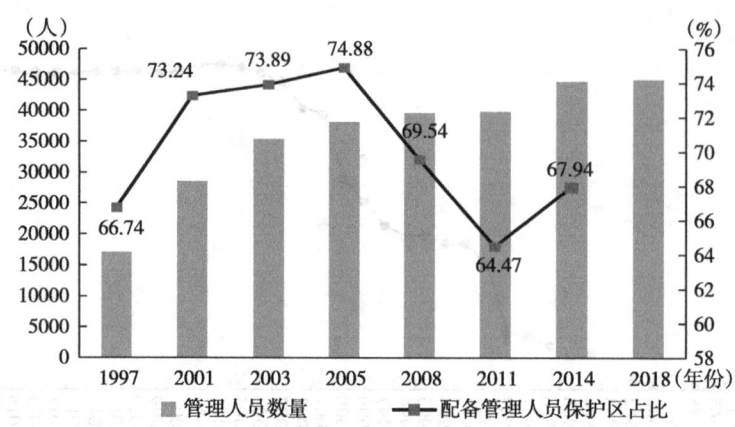

图 3.5 1997—2018 年部分年份全国自然保护区管理人员数量
资料来源：各年份《全国自然保护区名录》。

合理利用野生动物资源的指示》中提到"保护和合理利用野生动物资源，是一项新的群众性工作"。1986 年，全国林业系统自然保护区会议中指出"保护区建立的 30 年以来我国的主要经验之一就是依靠群众"。1994 年发布的《自然保护区条例》第五条明确规定"应当妥善处理与当地经济建设和居民生产、生活的关系"。进入改革创新时期，2015 年环境保护部公布的《环境保护公众参与办法》规定"为保障公民、法人和其他组织获取环境信息、参与和监督环境保护的权利，畅通参与渠道"；2019 年中共中央办公厅与国务院办公厅印发的《关于建立以国家公园为主体的自然保护地体系的指导意见》依旧要求"坚持政府主导，多方参与……建立健全政府、企业、社会组织和公众参与自然保护的长效机制"；以及 2022 年国家林业和草原局印发的《国家公园管理暂行办法》也指出，"国家林业和草原局（国家公园管理局）和各国家公园管理机构可以建立咨询机制，广泛听取专家学者、企事业单位、社会组织、社会公众等的意见"。因此，利益相关者参与管理是我国建立自然保护区管理中的优秀经验和有效途径，有必要深入探讨利益相关者之间、利益相关者与自然保护区之间的关系及其行为决策变化对自然保护区资源与生态系统可持续的影响，以分析利益相关者参与管理的具体机制，提高实施参与的有效性。

3.3 总结与讨论

首先，我国自然保护区政策的演变呈现螺旋式上升的特征，自然保护区政策演变应与不同时期的发展特征相适应。除此之外，政策制定还应具有展望性，与区域宏观发展方向相结合，如碳汇等方面，提出自然保护区相关的政策措施。因此，我国自然保护区的政策演变从最初关注建立的必要性、不同资源领域的保护立法，到逐步制定自然保护区的法律条例与未来规划，再到自然保护区的规范化管理、评估标准与利用限制，以及国家公园的体制改革。从最初单一资源的保护立法到自然保护区整体的管理政策，再到与多领域相融合的发展，政策内容呈现了"分散—整体—交叉融合"的变化趋势。

其次，政策演进全面推动我国自然保护区的数量和面积、机构和管理人员数量的增长，提高了我国自然保护区管理的效果。目前，自然保护区的管理人员数量仍然不足，需继续完善人才引进、培养和无人技术投入等政策。

最后，利益相关者参与是我国自然保护区政策发展历程中的优秀经验，也是完善自然保护区管理机制的主要内容，与《中华人民共和国国民经济和社会发展第十四个五年规划和2035年远景目标纲要》中"建设人人有责、人人尽责、人人享有的社会治理共同体"的内涵体现。

综上所述，有必要了解自然保护区利益相关群体的需求与行为决策，在政策制定中体现利益相关者的参与权，有利于缓解管理人员缺乏，以及资源保护与开发之间的矛盾，符合当前时期自然保护区管理的特征。

第4章 自然保护区利益相关者的分析

由自然保护区的政策发展历程分析可知，群众工作是我国自然保护区管理的优秀经验，在政策分析与实践经验两个方面均符合当前自然保护区管理的特征，为利益相关者的分析奠定了现实基础。研究表明，参与式管理可以减少资源开发与保护之间的冲突，若保护区与当地社区建立积极的合作关系，则能够有效缓解资源的可持续性和多样性所面临的威胁，这也与国家"十四五"规划提出的"建设人人有责、人人尽责、人人享有的社会治理共同体"的政策方向一致。一直以来，国内自然保护区参与式管理的形式以社区共管为主，由于社区作为参与主体难以获得相应的权利和利益分配，故尚未取得实质性的进展。

目前，在利益相关者的研究方面已经形成了基本的分析框架。Reed 等整理了利益相关者分析的步骤。在调查和确定利益相关者方面，多运用专家意见、焦点小组、半结构问卷访谈、自下而上的"滚雪球"抽样、文件研读与参与者观察等方法，或者综合运用上述方法会得到更为可靠的观点。在利益相关者的不同网络模式研究中发现，强制性关系低于利益分享关系的效率，说明参与式管理相比传统管理模式具有优势。国内学者在利益相关者研究方面，一般采用自上而下定性分析的方法确定利益相关者，将利益相关者分为核心层、紧密层和外围层，对利益相关者的定量研究不多，主要分析了自然保护区利益相关者之间产生冲突的原因，包括资源利用、职能发挥和利益分配的不平衡方面，以及社区参与国家公园管理的核心在于社区的自主性、创新性与适应性,强调了参与的主动性。还有运用利益相关者的观点研究自然保护区生态系统价值认知差异、评估自然保护区生态旅游健康度、景观服务以及生态系统服务的社会价值等。因此,相关研究在自然保护区利益相关者的分析及其观点应用方面进行了一定的探索,但是在利益相关者的定量分析方面仍存在不足。为避免自上而下界定的方法不能包括所有的利益相关者,本研究将自下而上"滚雪球"抽样与自上而下的方法相结合确定利益相关者,运用社会网络分析的方法理解利益相关者的利益影响关系网络及其结构,为基于利益相关者的自然保护区的运行分析提供依据。

4.1 案例保护区简介

研究选取河南伏牛山国家级自然保护区老君山管理局辖区为案例保护区。老君山保护区位于河南省栾川县南部,地处秦岭东段,伏牛山北坡(北纬33°42′40″~33°44′25″,东经111°32′00″~111°37′40″),总面积为26.14平方千米。保护区下设寨沟、十方院、岭壕、沙岭壕、伊源、养子沟、六间凹7个保护站。

老君山保护区始建于1956年,前身是国营老君山林场,1982年建立"河南老君山省级自然保护区",1997年晋升为国家级自然保护区,隶属"伏牛山国家级自然保护区河南省管理站"。保护对象是过渡带森林生态系统、国家及省级重点保护的珍稀濒危动植物及其生存栖息地、珍贵稀有的原生植物群落、以森林为主的自然和人文景观。区内保存着较为完善的天然次生植被和多种生物群落,森林覆盖率为98%。全区维管束植物占河南植物总数的40.9%;国家一级重点保护植物2种,国家二级重点保护植物8种,省级重点保护植物33种;陆栖脊椎动物270余种,国家重点保护的鸟兽25种。因此,老君山保护区具有重要的生物多样性保护价值,是"中州地区天然生物种质资源基因库"。

老君山保护区管理与开发之间的矛盾主要来自保护区与景区的重叠情况。老君山自北魏起建有老君庙，以往保护区也经营过旅游活动，自 2007 年起，栾川县政府、保护区管理局与河南老君山文旅集团签订协议，由河南老君山文旅集团投资、宣传和经营老君山景区。2010 年老君山景区被评为国家 AAAAA 级景区，2019 年实现收益 1.6 亿元。为使景区发展有足够合理的空间，保护区于 2013 年将老君山核心区调整为实验区，以满足景区开发经营的需要。目前，保护区与景区的重合区域仍然存在不断开发扩张所带来的多种环境问题，可以作为我国自然保护区保护管理与资源开发利用的典型案例来调查保护区中的利益相关者。

4.2 利益相关者分析

4.2.1 调查方法

本研究将老君山保护区中的利益相关者作为调查对象。根据利益相关者的定义"任何一个能够影响合作目的达成或受其影响的组织或个人"，由于老君山保护区其他区域的人类活动很少，本研究以保护区的实验区与景区的重叠区域——寨沟和十方院保护站范围内的利益相关者为研究对象。对利益相关者的调查主要涉及行为、目的、与其有关系的群体、涉及何种利益影响关系及关系程度。借鉴"0~10"五等距 Likert-类型等级的方法评价利益相关者之间的关系程度。

研究人员于 2020 年 8 月至 10 月对老君山保护区的利益相关者进行了调查。首先，通过与保护区管理局工作人员的访谈和文件资料初步了解与保护区相关的部分利益群体。其次，开展保护区管理局、景区、县政府相关部门负责人与调查人员参与的小组讨论，了解不同群体在保护区中的目的和行为，将群体间的利益影响关系最终设置为资源保护管理、协调监督管理、合作收益、经营服务、景区建设、旅游休闲和科学研究等方面。最后，采用"滚雪球"抽样的调查方法，通过对各群体主要负责人进行访谈、其他成员填写问卷获得数据，不断补充与保护区相关的利益群体，根据增加的群体扩展调查范围，确定所有的利益相关者。虽然游客数量庞大，但是大部分游客在景区中的行为路线非常相似，对游客群体的访谈也与问卷的填答结果基本一致，因此，用部分游客的调查数据代表该群体与其他群体的关系程度。由于利益相关者之间的关系是相互的，在调查后期发现关系数据与前期主要群体的访谈结果一致，不再有新的群体增加，可以认为得到了较为完整的数据。最终收到样本总量118份，其中访谈式24份、自填式94份，有效率为89.8%。

4.2.2 利益相关者的界定

通过对老君山保护区的文件研究、实地调研和观察，确定了与保护区相关的利益群体和机构共有16类，包括保护区管理局、老君山风景区（以下简称"景区"）、县林业局、县生态环境分局、县自然资源局、县文化旅游局（以下简称"县文旅局"）、省林业厅、景区中的个体商户（以下简称"商户"）、游客、大学及科研机构、旅行社、村委会、新闻媒体（以下简称"媒体"）、景区中施工单位（以下简称"施工单位"）、保险公司与道教协会。

保护区管理局的主要职责是自然资源的日常监测管理和森林消防。除与景区重叠的区域外，其他区域涉及居民或企业的活动较少，可以进行较为严格的管理。而在与景区重叠区域以旅游发开为主，保护区的监管不足。

景区为开展旅游修建的饭店、旅馆、栈道、缆车站及道馆群等主要游览区域都在保护区的实验区中。目前，在景区的办公、商户经营及游览区域附近很难见到野生动物，植被也有部分减少，各种娱乐设施的修建在一定程度上破坏了保护区的地貌。

与景区关系较为密切的利益群体有商户、游客和道教协会，也在保护区与景区的重叠区域。商户的经营者主要来自周边乡村，经营范围涉及餐饮、住宿、手工艺品及特产等方面，通过为游客提供服务获得收益。而游客作为景区的消费者，在高峰期，景区每天可同时接待几万人参观游览。为吸引游客，景区出资将老君庙修建为道观群，并参与管理。

其他 4 类与保护区相关、主要在景区与保护区重叠区域开展活动的群体为媒体、施工单位、保险公司和村委会。前 3 类群体并不常驻在保护区中，仅在活动或项目开展期间进入保护区，与景区合作宣传、建设和投保而获得收益。而景区与周边村委会的合作主要通过租赁村土地开展旅游活动，同时为居民提供就业。

与保护区相关的政府机构包括县林业局、县生态环境分局、县文旅局和省林业厅。省林业厅是保护区的上级管理部门，日常工作由洛阳市林业局、县林业局、县生态环境分局和县自然资源局共同协调监督管理。

由于保护区拥有丰富的动植物资源及较为完整的生态系统功能，河南省内的农林业和医药领域的院校经常进入保护区开展科研监测和实习，以及本研究对利益相关者进行的调查活动。

以上确定的老君山保护区与景区重叠区域的利益相关者在保护区中的开发活动，主要围绕旅游休闲方面开展，包括建设娱乐设施、经营餐饮住宿与景区宣传活动等，占据了保护区的土地，减少了野生动植物的栖息地面积，弱化了生态系统功能，与保护区管理局及相关管理部门的保护目标相冲突。因此，为缓解由开发与保护之间的利益影响产生的矛盾，有必要深入分析这 16 类利益相关者之间的关系与影响。

4.2.3 利益相关者的分类

本研究采用自上而下的分析分类法对老君山保护区中的利益相关者进行分类。这种方法是根据不同的利益相关者在关键目标中的合作和支持的潜在水平，或者反对的潜在水平对其进行分类。本研究将保护区中的利益相关者提高自然资源和生态系统保护的潜在水平，与其在决策过程中产生影响的潜在水平列于一个二维的矩阵中，定义高保护潜在水平、高影响潜在水平的利益相关者为保护主义者，低保护潜在水平、高影响潜在水平的利益相关者为开发者，高保护潜在水平、低影响潜在水平的利益相关者为边缘保护主义者，以及低保护潜在水平、低影响潜在水平的利益相关者为边缘开发者，如图4.1所示。根据上文对不同利益相关者的界定，该保护区中的高保护潜在水平、高影响潜在水平的保护主义者为保护区管理局及上级管理部门——县林业局、县生态环境分局、县自然资源局和省林业厅，低保护潜在水平、高影响潜在水平的开发者为景区、游客、商户、道教协会、施工单位、村委会和县文旅局，大学及科研机构则是高保护潜在水平、低影响潜在水平的边缘保护主义者，低保护潜在水平、低影响潜在水平的边缘开发者为旅行社、媒体和保险公司。

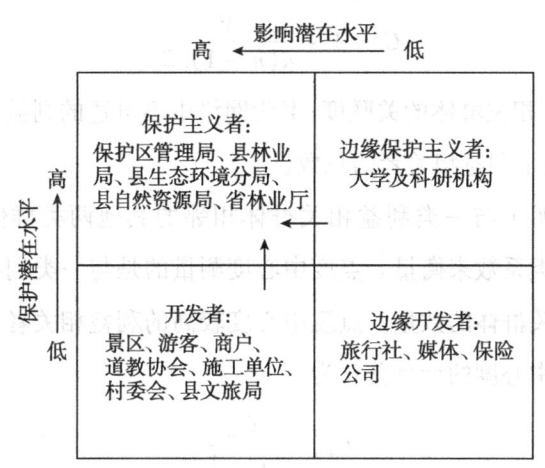

图4.1　老君山保护区利益相关者的分类

基于以上对利益相关者的分类，可以知道提高开发者——景区、游客、商户、道教协会、施工单位、村委会与县文旅局的保护潜在水平，提高边缘保护主义者——大学及科研机构的影响潜在水平，以及提高边缘开发者——旅行社、媒体和保险公司的保护潜在水平和影响潜在水平，均可以使其转型为保护主义者。因此，推进保护区的可持续发展不仅需要景区、游客、商户与旅行社等群体来转变自身行为使其更加环境友好，还需要增强包括大学及科研机构在内的利益相关者在管理中的参与，赋予它们在资源的保护管理方面更合理的监督权和决策权。

4.2.4 利益相关者的社会网络分析

社会网络分析是一种量化研究社会网络的方法。本研究的社会网络是指自然保护区利益相关者的利益影响关系网络，网络中的"点"指的是不同的利益相关群体，"联结"是指各利益相关群体之间具有的利益或影响关系。密度是网络中各类利益相关者之间关系的紧密程度。"距离"指的是两类利益相关群体之间最近的关系长度。关联度表示网络中各类群体间的关系程度，如果网络中的很多联系需要通过同一类群体，则关联度较低。关联度的计算公式为

$$C = 1 - \frac{V}{n(n-1)/2} \quad (4.1)$$

式中，C 为利益相关群体的关联度；V 为网络中不可达的利益相关者的点对数目；n 为网络中利益相关者的总数。

传递性说明了与一类利益相关群体相邻的其他两类群体间的联系程度，可以用聚类系数来衡量。点度中心度测量的是与一类利益相关者直接关联的利益相关群体的数量。点度中心度较高的利益相关者的关联程度较高。相对点度中心度的计算公式为

$$C_{RDi} = \frac{C_{ADi}}{n-1} \quad (4.2)$$

式中，C_{RDi} 为利益相关群体 i 的相对点度中心度；C_{ADi} 为其绝对点度中心度。

中间中心度衡量的是一类利益相关者控制通过它的其他两类利益相关者的关系程度，具有较高中心度的利益相关者位于多对利益相关者之间，起到沟通其他群体的桥梁作用。相对中间中心度的计算公式为

$$C_{RBi} = \frac{2\,C_{ABi}}{n^2 - 3n + 2} \quad (4.3)$$

式中，C_{RBi} 为利益相关群体 i 的相对中间中心度；C_{ABi} 为其绝对中间中心度。

接近中心度考察的是一类利益相关者接近网络中心的程度。接近中心

度越高的利益相关者，越不受其他利益相关者控制，位于整体网络的中心。相对接近中心度的计算公式为

$$C_{RPi} = \frac{1}{(n-1)\sum_{j=1}^{n} d_{ij}} \quad (4.4)$$

式中，C_{RPi} 为利益相关群体 i 的相对接近中心度；d_{ij} 为利益相关群体 i 与另一类利益相关群体 j 的最近关系长度。

本研究选择派系分析来考察网络中的凝聚子群。派系指的是部分利益相关者的子集合，一个派系中的利益相关者之间的联系相对比较紧密。而核心—边缘分析通过量化分析网络结构，估计利益相关者的核心度，最终判断利益相关者的核心、半核心及边缘位置。

（1）网络关系的建立

调查将利益相关者之间的利益影响关系定义为 5 等距，分别为"0——无利益影响关系，2.5——有很少的利益影响关系，5——有利益影响关系，7.5——有很强的利益影响关系，10——有特别强的利益影响关系，可以制定政策或规划"。当出现两类群体认为彼此之间的关系程度不一致时，采用受影响或从属群体提供的关系数据。例如，保护区认为与县生态环境分局的关系程度为 2.5，而后者认为与保护区的关系程度为 7.5，则最终将二者的关系程度定义为 2.5。运用 UCINET 6.1607 软件对数据进行分析，得到了老君山保护区利益相关者的利益影响关系网络，如图 4.2 所示。

分析关系网络结果，得到其矩阵的平均密度为 0.646，说明老君山保护区利益相关者之间的利益影响关系较为紧密；而关联度较低，为 0.158，说明权力、信息比较集中，群体间关系不平等，易受个别利益相关者的影响，具有派系结构，网络等级度较高，为 0.962。

网络聚类系数为 0.781，增加了信息传递和不同群体间产生联系的可能性。平均距离为 2.008，长度为 2 的联结最多，出现 162 次，占联结总数的 67.5%。最小距离为 1，最大距离为 3，说明在老君山保护区利益相

关者的关系网络中，大多两类利益相关者间仅通过一类利益相关者就可以建立联系。因此，关系网络的聚类系数较大、平均距离较小，老君山保护区利益相关者的利益影响关系网络可以看作一个小世界。

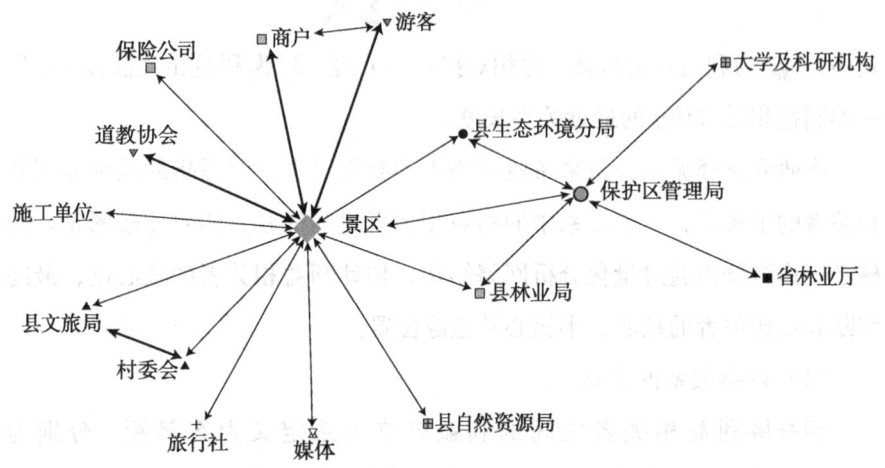

图 4.2　老君山保护区利益相关者的利益影响关系网络

注：点的大小代表相对点度中心度的高低。

(2) 中心度分析

由于研究的利益相关者的关系网络是无向图，因此，用点度中心度分析利益相关者之间的关联程度。由表 4.1 可知，景区的点度中心度最高，为 38.333，与其关联的利益群体和机构最多，如图 4.2 所示，说明对局部网络的权力影响最大，收益最高。保护区管理局作为资源的保护者，点度中心度为 10，权力居其次，在与景区重叠区域的管理权力受限。由于商户和游客常年在保护区内进行经营与旅游活动，排在第三位。县文旅局、村委会、县林业局、县生态环境分局和道教协会在局部网络中的权力较小，不是主要的利益相关群体。而省林业厅、县自然资源局、大学及科研机构、旅行社、媒体、施工单位和保险公司在网络中与其他利益相关者的关联程度最低，均为 1.667，权力最小。

表 4.1 利益相关者的中心度分析

利益相关者	中心度		
	相对点度中心度	相对中间中心度	相对接近中心度
景区	38.333	89.048	88.235
保护区管理局	10	26.19	60
商户	8.333	0	50
游客	8.333	0	50
县文旅局	6.667	0	50
村委会	6.667	0	50
道教协会	6.667	0	48.387
县林业局	3.333	0	53.571
县生态环境分局	3.333	0	53.571
省林业厅	1.667	0	38.462
县自然资源局	1.667	0	48.387
大学及科研机构	1.667	0	38.462
旅行社	1.667	0	48.387
媒体	1.667	0	48.387
施工单位	1.667	0	48.387
保险公司	1.667	0	48.387

从相对中间中心度来看，景区对利益影响关系网络的控制程度最高，为89.048，联结了最多对的利益相关者，如在游客与保护区、商户与政府相关部门等利益相关者之间建立了沟通桥梁（见图4.2）。保护区管理局的相对中间中心度较低，为26.19，联结的利益相关者对数较少，分别联结了大学及科研机构和省林业厅与其他利益相关者的关系，对网络的控制程度较低。除此之外，其他利益相关者的相对中间中心度均为0，对网络无控制能力。

在相对接近中心度方面，景区的相对接近中心度最高，为88.235，说明景区在网络中最不受其他利益相关者的控制，位于网络的中心位置。保护区管理局的相对接近中心度为60，也较少依赖其他利益相关者传递影响。县林业局和县生态环境分局的相对接近中心度偏低，均为53.571，需要通过景区和保护区管理局传递影响关系（见图4.2）。而其他群体的接近性更低,在网络中受其他利益相关者的控制程度较高。

(3) 派系分析

为进一步了解网络结构,本研究分析了网络中的派系。由于调查数据是赋值的,二值化处理后在网络中发现了4个派系,如表4.2所示。从表中可以看出,保护区管理局和景区两类机构分别与县林业局和县生态环境分局组成了派系1和派系2。保护区管理局承担着资源管理和生态环境保护的职责,而景区的目的是利用资源开展旅游活动,在这两个派系中,县林业局和县生态环境分局分别对保护区管理局和景区进行协调监督管理,派系内部关系紧密。而由于县文旅局是景区和村委会发展旅游的监管部门,三者的共同目的为发展旅游业,所以同属派系3。在派系4中,景区、商户和游客之间密切相关,原因是商户在景区中的经营受其监管,而且这两类群体通过直接向游客提供服务而获益。

表4.2 利益相关者的派系分析结果

派系	成员
派系1	保护区管理局、景区和县林业局
派系2	保护区管理局、景区和县生态环境分局
派系3	景区、县文旅局和村委会
派系4	景区、商户和游客

此外,派系成员之间是重叠的。例如,景区参与了4个派系,说明景区与网络中多个利益相关群体之间的关系密切,可以形成目的或利益不同的小团体,有利于网络中不同派系间的协调;而保护区管理局与景区共同参与了派系1和派系2,也可以知道保护区管理局与景区的关系较为紧密,与其他利益相关者的关系相对疏远。

从各派系共享成员的层次聚类分析中还可以了解到,在网络中,没有全部利益相关者共同参与的派系,如图4.3所示。省林业厅、县自然资源局、大学及科研机构、旅行社、媒体、施工单位、保险公司和道教协会8类利益相关者不属于任何派系,说明这些利益相关者与其他群体的联系较为松散。

第4章 自然保护区利益相关者的分析

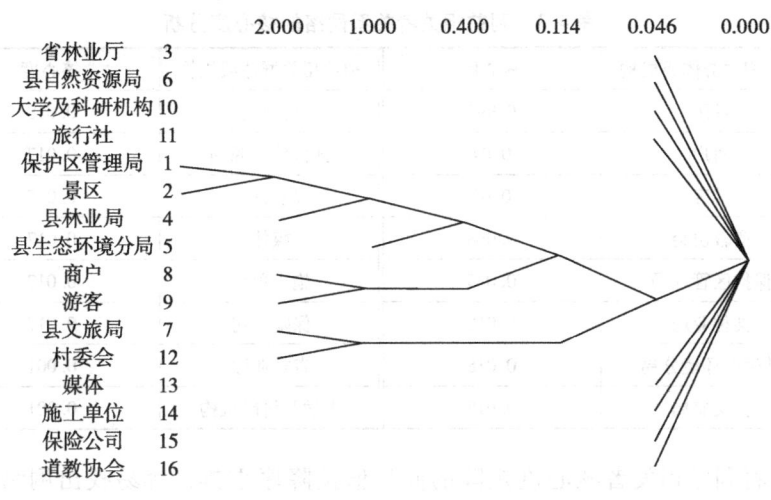

图 4.3　派系成员聚类图

（4）核心—边缘结构分析

在对派系内部及派系间关系的分析方面，由于调查定义的是定比数据，因而选用连续的核心—边缘模型进行分析，得到整个网络的相关度为 0.894，说明实际数据与软件模型拟合得较好。

同时，得到了利益相关者关系网络的核心度，如表 4.3 所示。在网络中，景区的核心度最高，为 0.991，居于网络核心地位，对保护区中与景区重叠区域的资源拥有很强的控制权。其余利益相关者的核心度均不超过 0.1，排在第二位的是商户和游客，核心度均为 0.07，是网络中主要的关系群体。道教协会则位居第三，核心度为 0.068，虽然这一群体隶属县宗教局，但是景区为开发旅游资源，投入了大量资金进行道观庙宇建设，也承担着庙宇的经营管理工作，在保护区与景区的重叠区域是主要的行为群体。而保护区管理局作为资源的保护管理机构，在网络中的核心度仅为 0.035，对保护区与景区重叠区域的控制权较小，并且保护区管理局与县政府和景区协议开发旅游，也不利于资源和生态系统功能的可持续性。其余利益相关群体和机构的核心度均较低，尤其是省林业厅和大学及科研机构的核心度只有 0.001，对保护区利益相关者关系网络的影响甚微，在网络中处于边缘地位。

表4.3 利益相关者关系网络的核心度分析

利益相关群体或机构	核心度	利益相关群体或机构	核心度
景区	0.991	村委会	0.018
商户	0.07	县自然资源局	0.017
游客	0.07	旅行社	0.017
道教协会	0.068	媒体	0.017
保护区管理局	0.035	施工单位	0.017
县林业局	0.018	保险公司	0.017
县生态环境分局	0.018	省林业厅	0.001
县文旅局	0.018	大学及科研机构	0.001

将利益相关者核心度矩阵的向量值按降序重排，容易找出网络的核心—边缘结构，如表4.4、表4.5所示。景区处于利益相关者关系网络的核心地位，向量值为142.810，对网络的影响程度和资源的控制程度最高，具有绝对的优势和话语权。

游客、商户、道教协会和保护区管理局处于半核心地位。一方面，说明这4类利益相关群体和机构在网络中受景区的控制；另一方面，体现了这些群体也控制着位于边缘地位的利益相关者。游客、商户及道教协会因常年在保护区中进行游览和提供服务，地位较高，而保护区管理局作为保护自然资源的利益相关者在保护区与景区的重叠区域却没有强有力的控制权。

居于网络边缘地位的利益相关者有县文旅局、村委会、县林业局和县自然资源局等11类利益相关群体。这些群体有保护区和景区的监督管理部门，也有与保护区和景区合作经营、科研与提供服务的机构，对网络的影响程度较小。

表4.4 网络核心—边缘结构分类

分类	利益相关者数量（类）	利益相关群体和机构（按向量值降序排列）
核心	1	景区
半核心	4	游客、商户、道教协会、保护区管理局
边缘	11	县文旅局、村委会、县生态环境分局、县林业局、旅行社、保险公司、县自然资源局、媒体、施工单位、省林业厅、大学及科研机构

第4章 自然保护区利益相关者的分析

表4.5 网络核心度行列向量的重排矩阵

利益相关者	景区	游客	商户	道教协会	保护区管理局	县文旅局	村委会	县生态环境分局	县林业局	旅行社	保险公司	县自然资源局	媒体	施工单位	省林业厅	大学及科研机构
景区	142.810	10.038	10.038	9.863	5.005	2.589	2.589	2.541	2.541	2.455	2.455	2.455	2.455	2.455	0.086	0.086
游客	10.038	0.706	0.706	0.693	0.352	0.182	0.182	0.179	0.179	0.173	0.173	0.173	0.173	0.173	0.006	0.006
商户	10.038	0.706	0.706	0.693	0.352	0.182	0.182	0.179	0.179	0.173	0.173	0.173	0.173	0.173	0.006	0.006
道教协会	9.863	0.693	0.693	0.681	0.346	0.179	0.179	0.175	0.175	0.170	0.170	0.170	0.170	0.170	0.006	0.006
保护区管理局	5.005	0.352	0.352	0.346	0.175	0.091	0.091	0.089	0.089	0.086	0.086	0.086	0.086	0.086	0.003	0.003
县文旅局	2.589	0.182	0.182	0.179	0.091	0.047	0.047	0.046	0.046	0.044	0.044	0.044	0.044	0.044	0.002	0.002
村委会	2.589	0.182	0.182	0.179	0.091	0.047	0.047	0.046	0.046	0.044	0.044	0.044	0.044	0.044	0.002	0.002
县生态环境分局	2.541	0.179	0.179	0.175	0.089	0.046	0.046	0.045	0.045	0.044	0.044	0.044	0.044	0.044	0.002	0.002
县林业局	2.541	0.179	0.179	0.175	0.089	0.046	0.046	0.045	0.045	0.044	0.044	0.044	0.044	0.044	0.002	0.002
旅行社	2.455	0.173	0.173	0.170	0.086	0.044	0.044	0.044	0.044	0.042	0.042	0.042	0.042	0.042	0.001	0.001
保险公司	2.455	0.173	0.173	0.170	0.086	0.044	0.044	0.044	0.044	0.042	0.042	0.042	0.042	0.042	0.001	0.001
县自然资源局	2.455	0.173	0.173	0.170	0.086	0.044	0.044	0.044	0.044	0.042	0.042	0.042	0.042	0.042	0.001	0.001
媒体	2.455	0.173	0.173	0.170	0.086	0.044	0.044	0.044	0.044	0.042	0.042	0.042	0.042	0.042	0.001	0.001
施工单位	2.455	0.173	0.173	0.170	0.086	0.044	0.044	0.044	0.044	0.042	0.042	0.042	0.042	0.042	0.001	0.001
省林业厅	0.086	0.006	0.006	0.006	0.003	0.002	0.002	0.002	0.002	0.001	0.001	0.001	0.001	0.001	0.000	0.000
大学及科研机构	0.086	0.006	0.006	0.006	0.003	0.002	0.002	0.002	0.002	0.001	0.001	0.001	0.001	0.001	0.000	0.000

(5) 结果与讨论

通过对老君山保护区利益相关者利益影响关系网络的分析，得到以下结果：

一是在网络中开发旅游资源的景区居于核心地位，对其他利益相关者的控制程度较高。由分析结果可知，景区的中心度最高，与其相关联的群体最多，为多对利益相关者的联系建立桥梁。而关系网络的等级度较高，景区位于核心地位，且参与了所有派系，因此，在保护区与景区的重叠区域，容易影响其他群体和机构的资源开发行为，不利于保护区资源的可持续性。

二是保护区管理局作为自然资源和生态环境保护的职能部门，在网络中对其他利益相关者的控制权受限，处于半核心地位。保护区管理局的中心度均低于景区，在与景区重叠区域，需要通过景区与开展经营服务的商户、施工单位和游客等群体产生联系，并且其核心度位于商户、游客和道教协会之后。因此，难以对区内的违规开发行为采取适当措施，实行严格管理。保护区管理局在景区中管理的缺位，使部分群体成员并不关注是否在保护区范围内活动，也不了解可以采取的适当行为，给保护区的生态系统服务功能造成了一定的影响。

三是其他利益相关者对关系网络的影响很小，与各群体的关系松散。这些利益相关者可以分为两类，一类是处于半核心地位的游客、商户和道教协会，另一类是处于边缘地位的利益相关者。游客和商户与其他利益相关者的关联程度仅次于景区和保护区管理局，也需要通过景区传递影响。这两类群体在保护区中以经营和游览为主，也对保护区的环境造成了一定的负面影响。而道教协会虽然中心度较低，不在任何派系中，但由于是主要的游览地点，与景区的关系密切，因此，核心度高于保护区管理局，在关系网络中可以对边缘利益相关者产生影响。

处于边缘地位的县文旅局、村委会、县林业局、县生态环境分局、县自然资源局、媒体、旅行社、保险公司、施工单位、大学及科研机构和省林业厅中心度均较低，很难通过关系网络控制其他利益相关者，远离网络的核心位置。除村委会、县林业局和县生态环境分局参与了一个派系之外，其他8类群体不是任何派系的成员，与网络中其他的利益相关者关系疏远。因此，这些群体几乎完全受制于前几类利益相关者。即使县文旅局、县林业局、县生态环境分局、县自然资源局和省林业厅是政府管理部门，也需要通过景区和保护区管理局将政策信息传递到网络整体。这一结果符合实际情况。省林业厅通过市、县林业局等多部门对保护区管理局进行共同协调与监督管理，所以省林业厅在关系网络中与其他群体的关系并不密切；并且，其他的县级政府机构与保护区管理局和景区的关系是协调与监督管理，不参与保护区管理局或景区的日常管理工作，是关系网络的外围利益相关者。

四是利益相关者在关系网络中的地位大体上随着距离增加而降低，随着在保护区中活动增多而升高。根据核心—边缘分析结果，与保护区范围重叠的景区是网络中的核心利益相关者，保护区内的商户、游客、道教协会和保护区管理局是半核心的利益相关者，其中，前3类群体常年在保护区内从事经营、游览和服务活动，活动频率高于保护区管理局，网络地位也排在保护区管理局之前。居于边缘位置的部分利益相关者，如旅行社、施工单位和媒体等群体不定期在保护区内开展活动，而省林业厅和大学及科研机构距离保护区较远，在保护区的直接行为更少。因此，可以认为，与保护区的距离和在保护区内的活动程度是影响利益相关者关系网络地位的重要因素。

4.2.5 利益相关者的相互关系分析

为缓解老君山保护区中各利益相关者之间的矛盾，建立有机合作关系，本研究进一步分析了目前各利益相关者的相互关系。基于以上对利益相关者的分类和关系分析可以知道，核心与半核心利益相关者景区、保护区管理局、游客、商户和道教协会直接参与并影响保护区的自然资源与生态系统，而边缘利益相关者县文旅局、村委会、县林业局、县生态环境分局、县自然资源局、大学及科研机构等为保护区的管理提供技术、资金及政策等支持。Reed 等提出利用表格矩阵的方法来厘清和阐述利益相关者之间的"利益—影响"关系，他们认为所有的利益相关者都从自然资源，如土地、森林和海水等资源中得到利益并对其产生影响，而且相关利益者对自然资源的利用及影响与其类型、利用方式和程度均有很大的关系。因此，本研究在这一方法的基础上做了一些延伸来适应自然保护区管理的特性，从资源的保护与利用两个角度来考察利益相关者之间相互关系的行为和结果，如表 4.6 所示。

依据利益相关者的"利益—影响"关系矩阵，再结合之前对利益相关者的分析，仿自然生态系统中的食物链关系作利益相关者之间的关系图，如图 4.4 所示。指向某一利益相关者的箭头表示该利益相关者受其他利益相关者的利用和管理。另外，为使利益相关者之间的关系更加清晰，加入"自然资源"以体现利益相关者行为活动的影响，并将 16 类利益相关群体中部分影响较小的边缘利益相关者进行分类，如将村委会和县文旅局以本地社会经济发展为主的利益相关者归类为"本地政府"，将县林业局、县生态环境分局、县自然资源局和省林业厅以资源保护为主的利益相关者归类为"上级管理部门"，以及将媒体、旅行社、保险公司和施工单位等不常在区域内活动的利益相关者归类为"其他边缘利益相关者"，使各群体间关系更加直观明晰。尽管保护区管理局对景区、商户、游客在保护区内的开发活动有所限制，但事实上，由于保护区管理局在与景区重叠区域的权力受限，而这些开发活动受本地政府政策的支持，保护区管理局实行的限制管理并不能严格有效地执行。上级管理部门则负责协调在本地范围产生的难以解决的矛盾问题，但是结果往往为经济发展让步。我国的自然保护区大多建立在偏远贫困的农村地区，当地居民的生活水平较低，社区发展长期受到忽视。因此，近年来周边社区发展对自然资源的依赖程度加剧，逐渐超过了生态环境可承受的范围，本地政府也急需财政收入改善农村社区的落后面貌。

表4.6 利益相关者之间相互的"利益—影响"关系

地位	利益相关者	利益/目标	行为活动	影响	与之相关的主要利益方
核心	景区	旅游开发	经营、建设	扩大资源开发利用,野生境减少,污染增加、生态系统功能减弱	受保护区管理局限制管理,为周边居民提供就业机会,向本地政府缴纳税收
核心	保护区管理局	保护野生动植物及森林生态系统	保护管理、科学研究	在保护区与景区重叠区域管理受限	隶属上级管理部门,限制景区及商户的开发活动,保护自然资源
半核心	游客	休闲娱乐	旅游活动	增加污染,因游客数量增加需要更多旅游基础设施	在景区中旅游休闲,在商户、道教协会处购物或住宿,购买保护区及边缘利益相关者的旅游服务
半核心	商户(包含道教协会)	获得收益	销售、餐饮、住宿等	野生动植物栖息地面积减少、污染增加,生态系统功能减弱	商业活动主要受景区管理,开发利用自然资源受保护区管理局限制
边缘	本地政府(村委会、县文旅局)	提高居民收入	与景区合作为居民提供就业机会,制定政策鼓励旅游开发	野生动植物栖息地面积减少、污染增加,生态系统功能减弱	通过为居民和景区提供服务而获得财政收入,利用资源受保护区管理局及上级管理部门限制
边缘	上级管理部门(县林业局、县生态环境分局、县自然资源局、省林业厅)	保护野生动植物及森林生态系统	为保护管理制定政策、人员培训、协调监管等	在一定程度上经济发展让步	是保护区管理局的隶属部门,在一定程度上协调与开发群体之间的矛盾

续表

地位	利益相关者	利益/目标	行为活动	影响	与之相关的主要利益方
边缘	大学及科研机构	科学研究	对保护区生态系统的科学研究	参与少，影响程度低	为上级管理部门提供建议
	其他边缘利益相关者（媒体、旅行社、保险公司、施工单位）	获得收益	参与景区相关宣传、旅游、保险、建设活动	野生动植物栖息地面积减少、污染增加、生态系统功能减弱	与景区合作开展相关活动

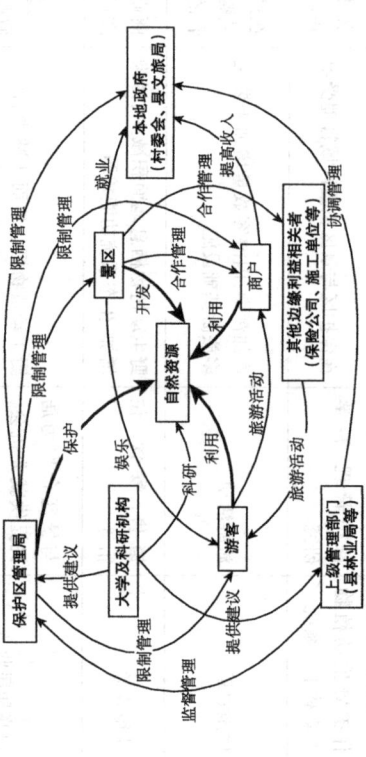

图 4.4 老君山保护区利益相关者之间的关系

注：⟶ 表示一个利益相关者对另一个利益相关者的影响；
⟹ 表示核心和半核心利益相关者对自然保护区生态系统的影响。

然而，利益相关者之间及在自然保护区中的行为直接影响了自然资源的可持续性。首先，保护区的功能区和范围的稳定对生态系统功能维持有着决定性的影响。1984年，联合国教科文组织（UNESCO）提出将生物圈保护区变为"核心区—缓冲区—过渡区"的模式。我国《自然保护区条例》第十八条规定：自然保护区内的核心区，禁止任何单位和个人进入；核心区外围可以划定一定面积的缓冲区，只准进入从事科学研究观测活动；缓冲区外围划为实验区，可以进入从事科学试验、教学实习、参观考察、旅游以及驯化、繁殖珍稀、濒危野生动植物等活动。2013年，为开展旅游活动，老君山核心区调整为实验区，不仅减弱了对核心地带的保护目的，也没有保证其功能区的科学合理性，因此不能维持其自然资源的可持续。其次，利益相关者利用资源的方式也会弱化生态系统功能。Usher等认为生态系统的自然程度越高，其保护价值越大。生态系统的自然状态必须满足两个条件：第一，人口必须受其生活环境的限制，没有食物和建筑材料输入生态系统；第二，生态系统的产物在局部利用，生物原料不输出。老君山保护区所在的栾川县由于地处偏远，旅游业是当地的主要收入来源，景区每天接待游客少则几千人，多则几万人，不仅不能达到资源保护的最佳效果，反而会降低自然生态系统对周边社会的水源涵养、森林保育等方面的调节作用。这样一来，周边社会的需求不足会继续向保护区的自然资源施压，使人与自然相互作用整体陷入恶性循环。因此，在老君山保护区与景区重叠区域，不同利益相关者之间的作用关系会对利益相关者本身与自然资源均产生深远且复杂的影响。

4.3 基于利益相关者自然保护区均衡运行模型的建立

本研究依照图4.4中各利益相关者对自然资源的利益影响关系，以对资源的开发利用和保护为基础，分析不同利益相关者对整个保护区运行的影响。在图4.4中，如果提升自然资源的位置，保护区管理局与上级管理部门可以作为资源保护的主体，而景区、商户和游客作为经济发展的主体与以村委会和县文旅局为代表的本地政府作为社会进步的主体，共同保护和利用自然资源，则利益相关者的关系图可看作一幅立体支撑图，如图4.5、图4.6所示。Machlis 和 Force 在人类生态系统概念模型中，定义了在系统内部和不同系统之间运行的流动，它们包括个体、信息、能量、营养、物质和资本。de Groot 等在对利益相关者进行确认和分类的过程中，认为生态系统功能为不同利益相关者提供的利益和服务体现在调节、生产、生境、运输及信息方面。根据上文对老君山保护区利益相关者的分析，可以将影响模型运行的一般因素归纳为在利益相关者之间流动的信息、技术、资金、管理、政策、劳动力和生产，它们决定着自然保护区的运行状况。

根据图4.5、图4.6可以分析老君山保护区的运行现状。首先，保护管理、社会进步和经济发展三个方面对自然保护区资源的保护管理与开发利用之间的关系是不平等的。依据不同利益相关者的利益驱动，保护区的自然资源促进并改善保护管理、社会进步和经济发展。

自然资源的可持续利用取决于这三个方面的利益反馈和支持。如果在某一方面的支持中缺少反馈会减弱其支持的力度和效率，在整个模型中缺少反馈则会导致保护区运行的失衡。在该保护区的运行现状中，核心与半核心利益相关群体——景区、商户和本地政府对保护区资源的开发远超过它们的保护行为，只有保护管理方面不断支持自然资源的发展，行使保护的职能。在实际情况中，周边社区还未完全满足自身的发展需要，景区和游客的目的分别是开发利用资源以更多地获取收益与旅游休闲，它们似乎都缺乏保护环境的能力和动力。因此，从当前的状况来看，在该保护区的运行模型中，对保护区自然资源保护和利用两个方面的流动是失衡的。

第4章 自然保护区利益相关者的分析

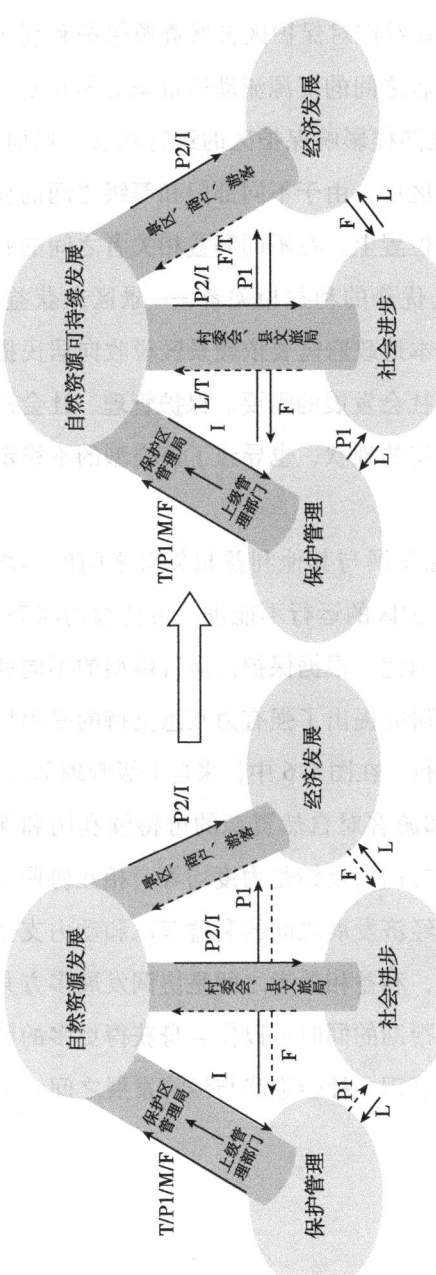

图 4.5 老君山保护区人类生态系统的失衡运行现状　图 4.6 老君山保护区人类生态系统运行的均衡模型

注：虚箭头代表弱反馈，实箭头代表强反馈，宽圆柱代表有力的支持，窄圆柱代表支持不足；F 代表"资金"，L 代表"信息"，L 代表"劳动力"，P1 代表"政策"，P2 代表"生产"，M 代表"管理"，T 代表"技术"。

其次，将保护管理、社会进步和经济发展之间的关系放到一个平面上，如图 4.5、图 4.6 所示，可以将其看作对保护区自然资源保护和利用产生影响且相互影响三个方面，这三者之间的资源流动所带来的相互制约和支持程度决定了平面的稳定性，也同样影响保护区的运行状态。然而，在老君山保护区及我国很多自然保护区中，由于不同部门和等级之间的权力博弈，经济发展常被放在更重要的位置上。在不同利益相关者之间的利益竞争中，周边社区的商户依附更具优势的利益相关者——景区来获益，难以获得与景区同等的收益；同样，本地政府需要依赖景区税收向居民提供基础设施和服务，也不能自行满足社会发展的需要。保护管理、社会进步与经济发展三个方面互相不平等支持的现状，也导致了该模型的不稳定运行。

综上可知，该保护区的自然资源发展与其他利益相关者之间的不均衡、不平等的利益输出和反馈，使保护区的运行不能进入可持续的状态，而可持续发展强调的是平等和公正。因此，根据保护区运行模型的不同利益相关者的弱反馈及失衡的分析，本研究提出了强有力互惠支持的平等均衡模型，使保护区朝可持续的状态运行。在图 4.6 中，来自上级管理部门、村委会和县文旅局以及景区、商户和游客对自然资源的可持续利用和保护，在劳动力、资金、技术和政策等方面的反馈是力度均等、相互协调支撑的。同时，保护管理、社会进步和经济发展之间的利益获取和动力支持是平等均衡的。在均衡的运行模型中，利益相关者之间是协调发展多方共赢的关系，它们为另一方的发展提供帮助的同时可以使自身获得更多的利益。老君山保护区的自然资源、保护管理、社会进步与经济发展之间 6 类失衡与均衡的关系对比如图 4.7 所示。

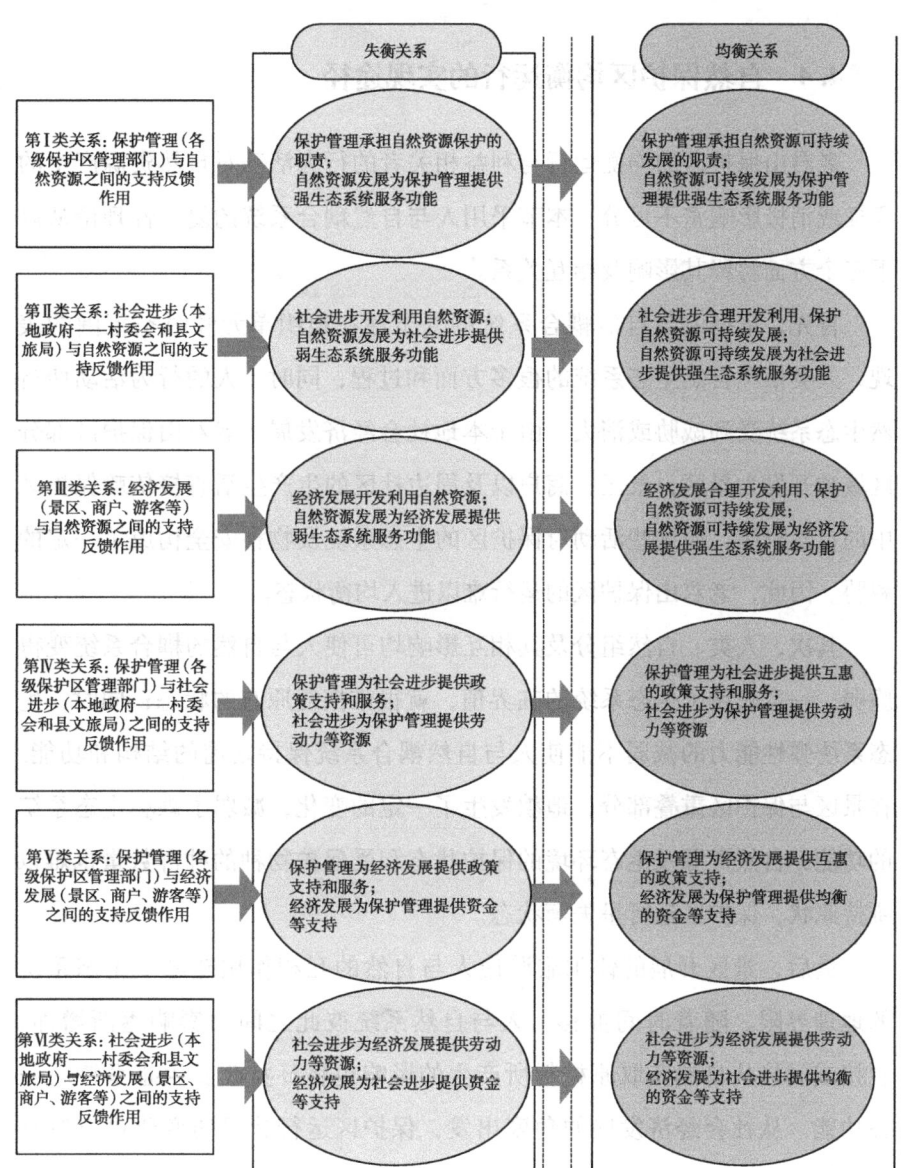

图 4.7 老君山保护区运行失衡与均衡的 6 类关系对比

4.4 自然保护区均衡运行的实现途径

老君山保护区的均衡运行与利益相关者的行为活动对自然资源产生的积极或消极影响密不可分，本节采用人与自然耦合系统的复杂性理论从以下三个方面解释其影响及相互关系。

首先，依据人与自然耦合系统的复杂性在组织单元和时空范围的表现，人类依赖自然生态系统的很多方面和过程，同时，人的行为活动使自然生态系统受到威胁或消失。由于本地社会经济发展，老君山保护区部分区域被开发为景区，景区、商户以及周边社区的生产生活直接依赖保护区中的自然资源，而这些活动对保护区的生态系统及物种安全构成了一定的威胁。因此，老君山保护区的运行难以进入均衡状态。

其次，人类、自然组分及其相互影响均可使人与自然的耦合系统变得脆弱，一旦超越了生态系统的临界值，就很难恢复原有的状态；同时，生态系统弹性能力的减弱不能使人与自然耦合系统保持之前的结构和功能。在景区与保护区重叠部分，地貌发生了一定的变化，减弱了森林生态系统的功能，自然资源及生态环境的保护状态和受保护物种的种群数量也难以维持原状，保护区运行呈失衡状态。

最后，景区开展的休闲旅游使人与自然的互相作用超越了生态系统的地理界限。随着时间推移，人与自然系统彼此之间的影响逐渐增加，直接或间接从自然获取原材料所产生的影响也将日益改变生态系统的服务功能。从社会经济发展的角度出发，保护区运行状况的变化可以解释为人们对自然资源的长期开发利用导致了生态环境的恶化，使保护区外部的潜在游客对景区的稳定性和信任度下降，随之引起景区的收入下降，因此，周边居民对自然资源的依赖程度逐渐加剧，其结果是使社会经济发展需求更具优势，而自然资源的保护也更难以维持，保护区运行会朝着更加失衡的方向发展。这种失衡的运行会间接地影响保护管理与社会经济多个方面的发展，并反过来再次影响陷入恶化的自然资源与生态系统。综上所述，有必要对失衡状态运行的自然保护区进行人为干扰来实现系统的均衡运行。

4.4.1 对立向合作关系的转变

由前文分析可知，老君山保护区中对自然资源产生直接影响的主要利益相关者之间的关系是不均衡的。保护区管理局依据政策法规限制景区与商户的发展，后者要生存就必须依赖自然资源。从这一点上看，它们之间的关系是对立的；但是，景区在保护区内的经营，给周边居民带来了大量的就业机会，带动了本地的社会经济发展。村委会和县文旅局等对景区的支持态度，从长期看是将经济发展置于生态系统服务功能之上，也不能达成可持续的发展。根据利益相关者的社会网络分析可知，利益相关者的关系网络不均衡的原因是保护区管理局与开发者在网络中所处的地位差异，以及对其他利益相关者的控制能力不平等，没能有效地发挥其作为直接和主要利益相关者的作用。不过，虽然关系网络中的权利不均衡，但是利益相关者之间的关系较为紧密，产生联系较为容易。因此，转变利益相关者从对立到合作的关系，是达成保护区均衡运行的有效途径。

通过改变保护区系统中利益相关者从对立到合作的关系，可以改变它们对自然资源利用的影响，提高各利益相关者的保护和影响的潜在水平。由对利益相关者的分类分析可以得到对立向合作转变的具体途径：首先，在提高景区和商户的潜在保护水平的同时满足其基本需求；其次，确保有关自然保护区的各项法律法规得到严格执行，赋予保护区管理局更多的权限，达成协调发展，而不是某一利益方占优的发展；最后，赋予其他利益相关者参与保护区共管的权利，尤其是直接影响保护区运行的利益相关者，如游客和商户，鼓励常年在保护区内进行生产生活的边缘利益相关群体参与共管，使其更加关心赖以生存的生态环境的现状和未来。很多研究表明，在保护管理和社会经济发展中提高利益相关者的参与合作程度可以增强其参与能力,导致其行为的转变,从而助力整个地区的可持续发展。

4.4.2 弱反馈到有力支持的转变

导致老君山保护区失衡运行的一个重要原因是不同利益相关者之间的能量流动和动力反馈的不平等(见图4.5~图4.7)。Liu等认为人类与自然互惠影响的耦合系统形成了一个复杂的反馈回路。其他利益相关者对自然资源开发利用而获利的同时减弱了生态系统功能,在短期也许是不能自我恢复的,并且缺乏其他利益相关者的积极反馈导致的生态系统功能减弱,会继续影响系统未来的运行过程。保护区的运行现状是经济发展、社会进步、保护管理以及自然生态系统之间相互影响的产物,随着时间推移,利益相关者之间的相互影响均不断增强,并且,其产生影响的范围、节奏和间接影响不断扩大。因此,应当采取措施来保证周边居民的生存及发展需要,以确保在社会进步和经济发展方面的利益相关者对自然资源的正反馈,使保护区能够持续稳定地运行。这一措施应当从理论和实际两个方面考虑,以保证对该人与自然耦合的复杂形势的干预和修正是积极的。

在保护区管理中,可以把人为管理介入的范围扩大,除保护区管理局之外,加入利益相关群体共同参与管理。因此,自然资源保护的管理机构、代表社会进步和经济发展的利益相关者,将其获利后可提供的社会经济发展资源反馈至自然资源就完成了一个完整的回路。即由景区、商户、村委会和县文旅局提供适当的决策、劳动力、资金、技术及经验,可以为自然资源与整个区域的稳定运行发展提供持续的动力。除此之外,保护管理、社会进步和经济发展之间所提供的合理平等的决策、资金、劳动力和技术可以使其关系更加平等与公正。利益相关者之间反馈回路由弱到强的转变,为缓解本地冲突、建立合作关系发挥着强有力的支撑作用,并且可以达成利益相关者的共赢。

4.4.3 长期研究的支持

人与自然耦合系统的研究需立足于跨学科、多角度及领域的复杂性研究，利用生态学、社会科学及其他如地理信息科学工具收集数据、管理、分析、建模，并整合自然和人类不同组分的变量。对自然保护区人与自然耦合系统的复杂性研究也应着重运用多学科领域的不同技术，来分析系统中的社会、经济与生态资源的多领域变量。

目前在老君山保护区运行的失衡状态中，受直接和间接的行为决策影响，生态系统的动力和服务功能已经发生改变。失衡的状态有可能因为管理人员对保护区运行及复杂性理解的不足而变得更加恶劣，甚至可能导致各组分间的关系无法支撑保护区的稳定运行（见图 4.5～图 4.7）。系统组分的变化需要具体和长期的研究，且需要足够长的时间来描述暂时的动力性。因此，对自然保护区的社会经济、自然资源及政策等方面变量的跟踪测量，可以为未来保护区运行状况的发展预测提供参考依据。

综上可知，自然保护区利益相关者之间的多方支持的关系是达成可持续发展的关键因素。既可以通过使利益相关群体从对立到合作关系转变来满足不同的利益需求，也可以通过增强和均衡不同利益相关者之间的反馈回路来支持彼此的发展，而且，对跨学科领域变量的长期研究能为系统的运行向均衡转变提供有力支持。因此，调整利益相关者之间的关系并形成有效的合作共管机制，有助于自然保护区实现可持续的运行。

第5章 自然保护区社会—生态系统可持续运行的机理分析

由自然保护区利益相关者分析可知，利益相关者的不同行为活动会导致与自然资源之间的相互作用过程及结果产生差异性变化，而且，目前利益相关者支撑的周边社会经济发展与保护区管理之间的关系是不均衡的，难以达成持续稳定的发展。社会—生态系统理论提供了一个分析系统内部各子系统及组分的普遍性框架，可以帮助理解系统内部各子系统的变量，从而更好地评价系统运行的可持续性情况，并进一步分析其复杂作用机理。因此，本书依据该理论分析自然保护区的可持续性具备一定的理论基础。

5.1 可持续性评价的研究现状

可持续发展被视为自然—社会—经济复杂系统中的行为结果，强调"整体的""内生的""综合的"内涵认知。评价可持续性主要应用 SEE-2R 模型、聚类分析、基于系统动力学的社会生态模型、结构方程模型、基于熵权的正态云模型、数据包络模型等方法，涉及从小范围、区域到国家乃至全球的不同地区的研究。

可持续性的评价指标体系涵盖了可持续发展状态系数、可持续发展指数、弱 HSDI 与强 HSDI 评价指数、可持续发展综合评估指标体系、社会生态状况指数、基于社会—生态系统的空间方法、人工湿地可持续性指标体系、自然资源可持续性评价指标体系和可持续淡水系统评价指数等。而且,指标的数目不宜多,应易于量化、具有普适性。可持续性指数法适用于国家间的综合评价,生态足迹和能值分析法适用于国家、区域、地区和小系统范围的评价,但是存在计算复杂等缺陷,而综合评价法更适用于小范围评价,计算过程为指标标准化、指标赋权重与指标合成。上述评价模型与指标体系为多尺度可持续性评价奠定了基础。

  Ostrom 提出的社会—生态系统理论框架可以识别社会、经济与政策环境,治理系统,行动者等子系统及其内部变量对系统可持续性的影响。在这一框架中,社会与生态系统之间的相互作用与行动者的资源利用对生态系统产生影响,可能导致相关社会经济系统的外部性再反馈到社会系统。其总体概念框架的动态层级建构具有不可预期性、自组织、非线性、多样性、多稳态等特点,以及恢复力、适应力和转化力属性,为可持续发展分析框架在地理学、生态学、经济学、自然资源学与社会学等领域的交流和融合提供了平台。2014 年,McGinnis 与 Ostrom 又进一步修改了模型框架,使之适用于自然资源以外的政策环境(见图 2.2)。社会—生态系统的研究聚焦其整体性与社会发展需求之间的协同性、复杂性与不确定性、社会系统与内外部环境的交互作用及演化机制等方面;而且,该框架具有数据组织结构比较均衡、通用与结果可比较性的优势。因此,社会—生态系统的研究也为实现可持续发展,更好地应对复杂系统环境提供了新的理论和证据。

  目前,社会—生态系统框架被认为是分析社会与生态系统中相互作用和结果的最全面的概念框架,它的优点还包括研究方法、数据和相关概念的多元化。分析社会与生态相互依存关系的方法有建立社会网络、建模、因果循环图、定量关联、单独定量测量、指标描述,用关联行动情境框架解释突发的社会—生态现象,以及用复杂适应性系统的组织概念识别解释社会—生态系统关键特征。此外,社会—生态系统框架的研究方法还包括多案例分析与文献元分析等。不过建模方法源自不同的学科、假设、分析层次以及分析方法，易造成困惑。Schlüter 等将常见的社会—生态系统动态研究模型——动力系统模型、生物经济模型和系统动力学模型嵌入自然与人类系统，搭建了"社会—生态系统研究模型"。现在，社会—生态系统框架已经广泛应用于渔业资源管理、草原系统机制研究、野生动物管理、土地退化、林业制度安排，以及国家公园试点区建设影响等领域。

研究者们已经普遍认为社会—生态系统的概念框架，为与社会经济与自然生态系统相关联的复杂系统的各层级子系统及其内部变量的相互作用和影响提供了广义的分析模型，但是对系统框架的研究还存在不足，而且各子系统变量对系统整体的影响具有不可预期、多样性和自组织等特点，因此，对系统内外部变量相互影响的反馈回路、非线性表现和不确定性等复杂问题的研究不多。同时，目前对多层级子系统变量的定义以及社会、经济与政策环境因素的分析不够深入，限制了社会和生态系统之间的关联关系研究。此外，目前大多数研究仅停留在系统变量的状态分析方面，对变量变化可能导致的子系统层级之间的影响有待进一步梳理。最后，现有研究评价了从小范围到大尺度区域的可持续性，建构了不同目的使用的模型和指标体系，为推动可持续发展研究提供了理论依据，但是仍存在一定的主观性、数据不足的限制，以及目标模型不完善的问题，有必要进一步探讨社会—生态系统的区域可持续性水平。

综上所述，本研究将社会—生态系统的概念框架应用到自然保护区可持续性研究中，为自然保护区社会—生态系统可持续性评价建立指标体系，评价自然保护区社会—生态系统变量的状态及其变化对保护区可持续性的动态影响，分析自然保护区社会—生态系统的运行机理，为中国当前自然保护区的管理政策制定提供理论参考。

5.2 自然保护区社会—生态系统指标体系建构

在社会—生态系统框架中，包含多层级的组成部分，学者们认为理解框架变量与选择统一的指标非常重要，因为同一变量选取不同指标可能产生差异性的结论。只有描述的变量概念得到认同，研究才具有可比性，个案研究也才不会千差万别。对变量的研究，包括区分二、三级变量的命名，以及理解相互作用（I），将行动情境（AS）分解成社会—生态行动情境（SE-AS）、社会行动情境（S-AS）和生态行动情境（EC-AS）分析相关变量。还有学者开发了 10 个多步骤分析社会—生态系统框架的应用，定义变量指标分析其联系，并识别与可持续性相联系的指标，以及界定小规模渔业社会—生态系统的五层指标体系，养蜂业社会—生态系统的三、四层级指标，海产养殖社会—生态系统的三层指标体系等，在不同资源领域界定了多层级变量和指标。

本研究关注自然保护区社会—生态系统运行的变化，将保护区的自然资源保护与利用作为一个整体分析其焦点行动情境，为使选取的指标具有统一标准，依据社会—生态系统框架的多层级子系统，从自然保护区的社会、经济与政策环境，资源系统，资源单位，行动者，治理系统相互作用和结果方面，借鉴文献中对变量和指标的理解与选择，制定了自然保护区社会—生态系统可持续性评价的指标体系，如图 5.1 所示。其中，在焦点行动情境自然资源的保护与利用中，相互作用选取的二级变量为投资活动，结果是自然保护区的可持续性。在自然保护区所处的社会、经济与政策环境中，选取社会发展、人口趋势、市场与技术 4 个二级变量，用地区经济增长、人口统计学变化趋势、市场需求和技术水平 4 个三级变量来解释。在资源系统中，选择森林系统和保护区规模 2 个二级变量，用野生动物、野生植物、植被面积占比和保护区面积 4 个三级变量解释；同时，在治理系统中选择政策领域作为二级变量，用三级变量数量解释，这两个子系统共同为焦点行动情境自然资源的保护与利用设置条件。而资源单位作为资源系统的一部分，选取流动性与增长率2个二级变量，用水流量和水资源变化率2个三级变量解释，是焦点行动情境自然资源保护与利用的输入组分。另外，行动者子系统作为焦点行动情境的参与组分，选择数量作为二级衡量指标，用三级变量保护区数量解释。各子系统具体的四级指标选取如表5.1所示。

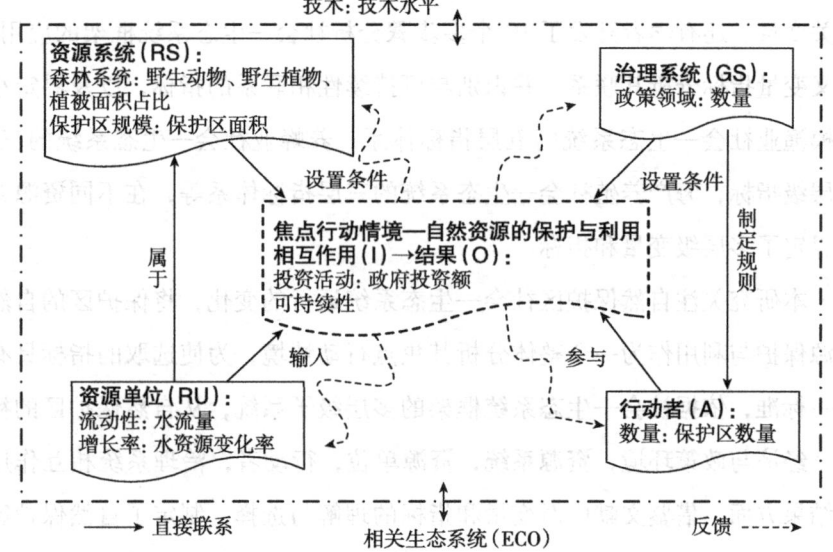

图 5.1 中国自然保护区社会—生态系统三级子系统变量

表 5.1 自然保护区社会—生态系统可持续性评价指标体系

一级子系统	二级变量	三级变量	指标层	表示(单位)	属性	权重
社会、经济与政策环境(S)	社会发展(S1)	地区经济增长(S1.1)	GDP 增速(S1.1.1)	X_1(%)	+	0.0421
	人口趋势(S2)	人口统计学变化趋势(S2.1)	人口增长率(S2.1.1)	X_2(%)	−	0.0828
	市场(S5)	市场需求(S5.1)	人均可支配收入(S5.1.1)	X_3(元/年)	+	0.0627
	技术(S7)	技术水平(S7.1)	研发投入占 GDP 比重(S7.1.1)	X_4(%)	+	0.0879
资源系统(RS)	森林系统(RS1)	野生植物(RS1.1)	全国受威胁植物种数(RS1.1.1)	X_5(种)	−	0.0516
		野生动物(RS1.2)	全国受威胁动物种数(RS1.2.1)	X_6(种)	−	0.0516
		植被面积占比(RS1.3)	森林覆盖率(RS1.3.1)	X_7(%)	+	0.1181
	保护区规模(RS3)	保护区面积(RS3.1)	保护区总面积(RS3.1.1)	X_8(万公顷)	+	0.0446
资源单位(RU)	流动性(RU1)	水流量(RU1.1)	水资源总量(RU1.1.1)	X_9(亿立方米)	+	0.0583
	增长率(RU2)	水资源变化率(RU2.1)	水资源总量变化率(RU2.1.1)	X_{10}(%)	+	0.0699
行动者(A)	数量(A1)	保护区数量(A1.1)	保护区总数(A1.1.1)	X_{11}(个)	+	0.0277
			保护区建立年数(A1.1.2)	X_{12}(年)	+	0.0584
			城镇非私营单位就业人员平均工资(A1.1.3)	X_{13}(元)	+	0.0600
治理系统(GS)	政策领域(GS1)	数量(GS1.1)	年发布政策数量(GS1.1.1)	X_{14}(个)	+	0.1343
相互作用(I)	投资活动(I5)	政府投资额(I5.1)	林业年度完成投资额(I5.1.1)	X_{15}(万元)	+	0.0500
结果(O)			可持续性			

5.3 自然保护区社会—生态系统可持续性评价

5.3.1 熵值法

为解决主观赋权法的随机性问题,研究采用熵值法确定权重。信息熵值越大,系统运行越无序,差异越大;反之,系统运行越有序,差异越小。根据各子系统指标的信息熵值,计算变异程度,确定权重,再评价自然保护区社会—生态系统可持续性的综合得分。主要步骤如下:

数据标准化。设评价年份为 m,指标数为 n,第 i 年、第 j 项指标的原始数据为 x_{ij},则正向指标和负向指标标准化后的指标值 x_{ij}' 分别为

正向指标:

$$x_{ij}' = \frac{x_{ij} - x_{\min}}{x_{\max} - x_{\min}} \tag{5.1}$$

负向指标:

$$x_{ij}' = \frac{x_{\max} - x_{ij}}{x_{\max} - x_{\min}} \tag{5.2}$$

由于标准化后的值不能直接进行对数处理,需要对数值进行平移,平移后的数值 Z_{ij} 为

$$Z_{ij} = x_{ij}' + A \tag{5.3}$$

式中,Z_{ij} 为平移后的数值;A 为平移幅度。

第 j 项指标的比重 P_{ij} 为

$$P_{ij} = \frac{Z_{ij}}{\sum_{i=1}^{m} Z_{ij}} \quad (i = 1, 2, \cdots, m; j = 1, 2, \cdots, n) \tag{5.4}$$

第 j 项指标的信息熵值 e_{ij} 为

$$e_{ij} = -k \sum_{i}^{m} P_{ij} \ln P_{ij} \tag{5.5}$$

式中,$k = \frac{1}{\ln m}$;$0 \leq e_{ij} \leq 1$。

第 j 项指标的差异系数 d_{ij} 为

$$d_{ij} = 1 - e_{ij} \quad (5.6)$$

第 j 项指标的权重 W_{ij} 为

$$W_{ij} = \frac{d_{ij}}{\sum_{j=1}^{n} d_{ij}} \quad (j = 1, 2, \cdots, n) \quad (5.7)$$

第 i 年自然保护区社会—生态系统可持续性综合水平 S_i 为

$$S_i = \sum_{j=1}^{n} W_{ij} Z_{ij} \quad (5.8)$$

5.3.2 数据来源

根据建构的自然保护区社会—生态系统可持续性的评价指标体系，选取《中国统计年鉴》《全国科技经费投入统计公报》《中国生态环境状况公报》2014—2023 年的数据进行处理，得到中国自然保护区可持续性各指标权重如表 5.1 所示，综合水平得分如图 5.2 所示。

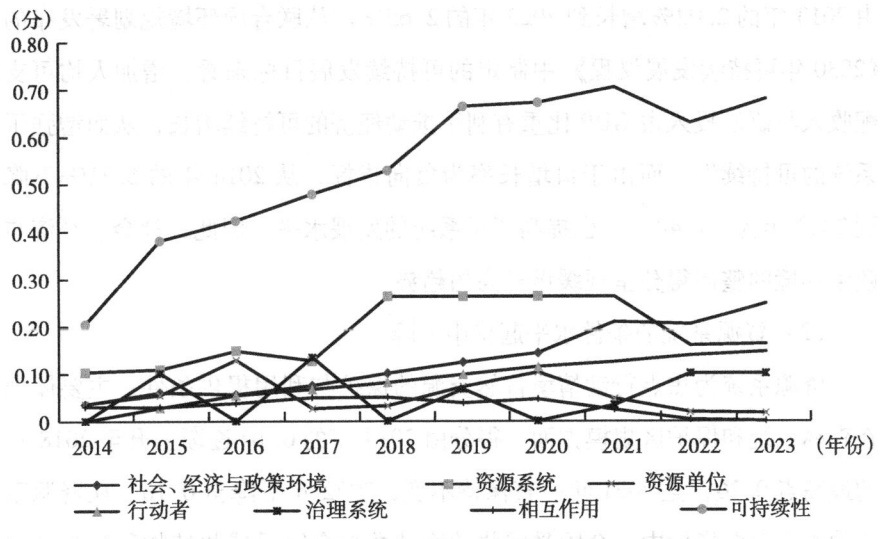

图 5.2 自然保护区社会—生态系统可持续性水平

5.3.3 子系统发展水平评价

（1）社会、经济与政策环境的发展水平呈上升趋势

社会、经济与政策环境为自然保护区社会—生态系统的整体运行奠定基础，其中社会经济发展、人口、市场、技术的变化影响着整个系统的运行。本研究选择 GDP 增速、人口增长率、人均可支配收入和研发投入占 GDP 比重进行解释。社会、经济与环境政策的得分从 2014 年到 2023 年缓慢上升，由 0.04 增长到 0.25，2021 年上升较快，由 2020 年的 0.14 增长到 0.21，如图 5.2 所示。这一结果主要是因为 GDP 增速、人均可支配收入和研发投入占 GDP 比重 3 个指标均为正向指标，子系统得分随其增加而上升。2014 年以来，我国进入经济新常态，GDP 增速逐年下降，尤其在疫情期间波动较大，由 2019 年的 6% 降低至 2023 年的 5.2%，整体呈下降趋势。而人均可支配收入和研发投入占 GDP 比重缓慢增长，人均可支配收入由 2014 年的 20167.1 元增长到 2023 年的 39218 元，研发投入占 GDP 比重由 2013 年的 2.02% 增长到 2023 年的 2.65%。从联合国环境规划署发布的《2030 年可持续发展议程》中制定的可持续发展目标来看，增加人均可支配收入与研发投入占 GDP 比重有利于推动经济的可持续增长，从而增强了系统的可持续性。而由于人口增长率为负向指标，从 2014 年的 6.71‰ 下降到 2023 年的 −1.48‰，也提高了子系统的发展水平。因此，社会、经济与政策环境的整体得分呈现缓慢升高的趋势。

（2）资源系统的条件水平起伏中下降

资源系统为焦点行动情境自然资源的保护与利用提供条件，主要体现在森林系统和保护区规模方面，得分由 2014 年的 0.10 逐渐上升至 2018 年的最高点 0.26，至 2021 年一直保持不变，2022 年下降至 0.16。在资源系统的 4 个解释指标中，全国受威胁动物种数与全国受威胁植物种数为负向指标，森林覆盖率和保护区总面积为正向指标。根据第 3 章中对我国自然保护区政策演变的规律性分析可知，由于受政策引导，自然保护区面积迅

速增加，1956年仅为0.11万公顷，到2014年增长为14699万公顷，有了历史性的攀升，随后缓慢增加，到2020年增长至14733万公顷，同时，森林覆盖率随之增加，由1957年的9.76%增长到2014年的21.6%，2023年增至23%，为我国自然保护区森林生态系统的保育打下了广泛的基础。不过，随着社会经济发展，自然保护区中的人类活动不断增多，2003—2018年，多个自然保护区由于建设项目或内部有人类居住密集村镇而调整了功能区和范围，如表3.4所示，导致野生动植物栖息地受到威胁。全国受威胁动物种数从2016年的932种增长到2023年的1050种，全国受威胁植物种数从2014年的3767种增长到2022年的4088种，因此，资源系统得分有所下降，资源系统提供的条件部分减弱。

（3）资源单位的输入水平波动减少

资源单位是资源系统的一部分，选取水资源总量及水资源总量变化率两个解释指标来描述流动性和增长率，得分在2014年至2016年快速上升，由0.04上升至0.13，2017年突然下降至0.03，再缓慢增长至2020年的0.10，随后又缓慢下降至2011年的0.02。其原因主要与所选指标呈现的变化趋势相一致，以水资源总量为例，2014年为27266.9亿立方米，2016年上升为32466.4亿立方米，到2017年降至28761.2亿立方米，再缓慢上升至2020年的31605.2亿立方米，随后又降至2023年的25782.5亿立方米。而水资源总量也与2014—2023年的全国平均降水量的变化趋势相关，2014年全国平均降水量为622.3毫米，2016年上升至730.0毫米，2017年有所下降，为664.8毫米，再逐年攀升至2020年的706.5毫米，随后再下降至2023年的642.8毫米，为2012年以来第二少的年份。因此，资源单位子系统在2014—2023年得分有所回落。

（4）行动者的参与水平缓慢增长

参与焦点行动情境自然资源的保护与利用的行动者子系统选取的四级解释指标为保护区总数、保护区建立年数与保护区工作人员工资，后者用城镇非私营单位就业人员平均工资表示，整体得分缓慢增加，由2014年的

0.00 增长至 2023 年的 0.15。一方面，我国自 1956 年第一个自然保护区建立至 2023 年已经历 68 年的历程，管理政策逐渐完善，管理经验日臻成熟，为自然保护区的可持续发展积累了深厚的基础；另一方面，我国自然保护区的数量至 2004 年已超过 2000 个，到 2020 年增至 2750 个，虽然数量在研究年份没有明显变化，但是为缓解自然保护区的"重叠设置、多头管理、边界不清、权责不明、保护与发展矛盾"等问题，2015 年，中共中央、国务院在《生态文明体制改革总体方案》中提出了以国家公园为主体的自然保护地体制改革，到 2035 年，基本建成世界最大的国家公园体系，不断推进管理机构作为行动者的参与水平。另外，保护区工作人员工资逐年增长，也保障了保护区工作人员开展活动的稳定性。不过，由第 3 章分析可知，目前全国自然保护区已建机构与配备管理人员人数仍不足，需要进一步补充。因此，行动者子系统整体得分仍不高。

（5）治理系统的条件水平有所提高

治理系统不仅为行动者制定政策，也为焦点行动情境自然资源的保护和利用设置规则，以政府发布的相关政策为主，选择的解释指标为年发布政策数量。第 3 章梳理了自我国第一个有关自然保护区的政策发布以来的主要政策法规，2015 年以来，我国自然保护区的政策演进从多元增长时期进入改革创新时期，提出了以国家公园为主体的自然保护地体系建设，颁布、修正、修订政策共 26 个，涉及规划方案、管理办法、空间布局与资金绩效多个方面，得分由 2014 年的 0.00 波动增长至 2023 年的 0.10，2017 年升至最高点 0.13，这一年颁布或修订、修正相关政策法规共 5 个，是自然保护区相关政策发布近 70 年来排在第二位的年份，2015 年、2022 年和 2023 年均发布相关政策法规 4 个，得分均为 0.10。然而，指标仅描述了政策的发布数量，每一项政策的实施和持续时间均是长效的，政策的连续发布累积更新了治理系统的规则，提高了治理水平。

（6）相互作用的程度不断降低

在社会、经济与政策环境下，自然保护区的行动者在治理系统制定的规则内,对资源系统与资源单位进行保护和利用所采取的措施与行为决策相互作用,用四级指标林业年度完成投资额解释。我国的自然保护区主要资金来源为政府投资,以开展监督管理、定期评价、协商与当地居民合作等活动。得分从 2014 年到 2023 年呈先上升后下降的趋势,由 2014 年的 0.03 增长至 2017 年的 0.05,2019 年稍有下降后于 2020 年回升至 0.05,2022 年降至 0.00,2023 年保持不变,如图 5.2 所示。造成这一得分变化的主要原因为林业年度完成投资额由 2014 年的 4326 亿元逐年升高,最高至 2018 年的 4817 亿元,随后逐年降低,2023 年降至 3581 亿元。因此,政府投资额的降低导致了保护与利用相互作用程度的下降,可能直接削弱了自然保护区的保护力度,使可持续性水平降低。

5.3.4 系统可持续性水平综合评价

自然保护区社会—生态系统运行是在社会、经济与政策环境下,行动者在资源系统与治理系统制定的规则下对自然资源的保护与利用,在相互作用活动的影响下,形成了可持续性的结果。得分由 2014 年的 0.20 不断增长到 2021 年的最高点 0.71,2022 年有所下降,2023 年又回升至 0.68,如图 5.2 所示。导致这一变化趋势的主要原因为社会、经济与政策环境及行动者,呈不断攀升的趋势;而资源系统与治理系统虽然呈波动性变化,尤其是治理系统经历了三次先升高再下降的过程,但整体而言,上升趋势缓慢,说明这两个子系统给予可持续性结果的支持虽然是积极的,但程度较低。此外,资源单位的水资源变化与相互作用的投资活动在得分中呈现升高后再降低的趋势,降低了可持续性水平。因此,2014—2023 年影响自然保护区社会—生态系统可持续性的主要子系统为社会、经济与政策环境,行动者,资源系统与治理系统。

从各子系统的组分看,权重较高的指标为社会、经济与政策环境中的人口增长率、人均可支配收入与研发投入占 GDP 比重,资源系统中的森林覆盖率,资源单位中的水资源总量变化率,行动者子系统中的保护区建立年数与保护区工作人员工资,以及治理系统中的年发布政策数量,影响了保护区系统运行的可持续性结果(见表5.1)。其中,较为关键的组分为人口增长率、研发投入占 GDP 比重、森林覆盖率、水资源总量变化率与年发布政策数量,尤其是森林覆盖率与年发布政策数量均超过了 0.1。由此可以看出,虽然治理系统的得分较低,年发布政策数量对系统运行的影响程度却较高;我国连年的人口负增长和技术进步目前仍在不断拉高社会发展与可持续性水平;保护区的森林系统与水资源系统的保护程度提高了整体的可持续性水平;保护区建立年数与工作人员工资保障了保护区管理的稳定性,上述因素均提高了保护区社会—生态系统的可持续性水平。

5.4 自然保护区社会—生态系统运行的障碍因子分析

5.4.1 障碍度模型

为进一步诊断自然保护区社会—生态系统运行的影响因素,运用障碍度模型找出综合评价体系中各指标对系统整体运行的制约程度,分析系统运行的障碍因子。障碍度 C_{ij} 具体计算过程如下:

$$C_{ij} = \frac{(1 - x_{ij}')W_{ij}}{\sum_{j=1}^{n}(1 - x_{ij}')W_{ij}} (j = 1, 2, \cdots, n) \tag{5.9}$$

式中,C_{ij} 为第 i 年、第 j 项指标的障碍度,C_{ij} 越大说明该指标对自然保护区社会—生态系统整体运行的阻碍越大;x_{ij}' 为第 i 年、第 j 项指标的标准化值;W_{ij} 为第 i 年、第 j 项指标的权重。

5.4.2 子系统障碍因子分析

2014—2023 年,自然保护区社会—生态系统中各子系统的障碍度均值排名为社会、经济与政策环境 > 资源系统 > 资源单位 > 行动者 > 治理系统 > 相互作用,如图 5.3 所示。首先,社会、经济与政策环境与行动者子系统的障碍度整体下降，社会、经济与政策环境的障碍度由 2014 年的 37.57% 逐年上升，2016 年达到 55.99% 后有一次下降，再继续上升至 2020 年的最高值 56.38% 后，快速下降到 2023 年的 6.64%；而行动者子系统的障碍度由 2014 年的 20.41% 缓慢下降至 2023 年的 0，说明社会经济发展质量与管理机构组织活动的有效性对系统可持续运行的支持力度不断提高。其次，资源系统、资源单位与相互作用子系统在研究年份均经历了波动下降再上升的过程，2020 年前后下降到了较低水平，如 2018 年资源系统的障碍度为 0.4%，2020 年资源单位与相互作用子系统的障碍度分别为 7.1% 和 1.89%，随后从 2021 年开始均保持上升趋势，三者分别增长至 2023 年的 43.7%、26.3% 和 18.79%，达到了较高水平，说明保护森林生态系统、提升水资源使用效率与提升政府投资是系统可持续运行的重要因素。最后，治理系统的障碍度水平在 2014—2023 年起伏较大，差异明显，由 2014 年的 7.65% 波动上升至 2020 年的最高点 22.74%，2023 年回落至 4.57%，说明政策的有效性不断提升，是影响系统可持续性的决定性因素。

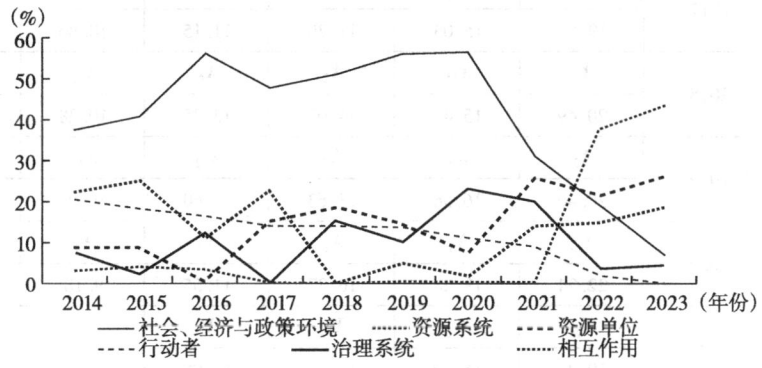

图 5.3　自然保护区社会—生态系统子系统障碍因子水平

5.4.3　指标层障碍因子分析

本研究在子系统障碍度的基础上，继续探讨指标层的障碍因子水平，将历年指标层累计障碍度在 60% 以上、排在前 6 位的指标作为主要障碍因子进行分析，如表 5.2 所示。2014—2023 年，我国自然保护区社会—生态系统子系统各组分中，主要的障碍指标为人均可支配收入、人口增长率、年发布政策数量、研发投入占 GDP 比重、保护区建立年数、水资源总量、水资源总量变化率、林业年度完成投资额、全国受威胁植物种数、保护区总面积与 GDP 增速，其障碍度均值分别为 15.81%、10.70%、9.92%、8.85%、7.99%、7.37%、7.36%、6.54%、5.12%、4.93% 与 4.40%，阻碍了可持续性的发展水平。

表 5.2 自然保护区社会—生态系统可持续性主要障碍因子排名 单位:%

年份	1	2	3	4	5	6
2014	X_3	X_8	X_2	X_{12}	X_4	X_{14}
	17.58	15.46	10.84	9.16	8.17	7.65
2015	X_3	X_8	X_2	X_{12}	X_4	X_7
	19.54	16.85	10.42	9.99	9.47	8.29
2016	X_3	X_2	X_{14}	X_4	X_{12}	X_7
	23.77	17.74	12.80	11.95	11.92	11.30
2017	X_3	X_2	X_8	X_4	X_7	X_{12}
	19.66	15.03	11.70	11.15	10.86	9.82
2018	X_3	X_{14}	X_2	X_4	X_{12}	X_9
	20.49	15.45	14.07	13.35	10.28	9.91
2019	X_3	X_2	X_4	X_{12}	X_{14}	X_9
	20.40	16.56	13.63	10.60	9.96	8.75
2020	X_{14}	X_3	X_1	X_2	X_4	X_{12}
	22.74	19.28	16.37	11.55	9.18	9.07
2021	X_{14}	X_{10}	X_{15}	X_3	X_9	X_4
	19.73	16.30	14.14	12.98	9.53	9.44
2022	X_5	X_{15}	X_6	X_9	X_{10}	X_1
	23.70	15.11	13.90	10.85	10.79	9.88
2023	X_5	X_{15}	X_6	X_9	X_{10}	X_1
	27.54	18.79	16.15	15.67	10.62	6.80

在研究年份，出现 5 次及以上的指标为人均可支配收入、人口增长率、

研发投入占 GDP 比重、年发布政策数量、保护区建立年数与水资源总量。其中，前五项指标至 2021 年均排在前列，尤其是人均可支配收入与研发投入占 GDP 比重出现了 8 次，而且人均可支配收入与人口增长率多年排在第 1 位、第 2 位，2021 年和 2022 年后排到第 6 名之外。由表 5.2 可知，人均可支配收入的障碍度呈逐年下降趋势，说明居民生活质量不断提高；而人口增长率、研发投入占 GDP 比重、年发布政策数量呈现先上升后下降的趋势，说明人口增长率的下降、研发投入占 GDP 比重与年发布政策数量的增加，均减少了对保护区系统资源的利用，表现为对可持续性的支持作用不断增强。此外，水资源总量在 2018 年出现在排名中，并且障碍度从 2021 年起逐渐增加，至 2023 年始终是影响可持续性的主要因素。

除上述出现次数较多的指标之外，其余出现次数较少的指标可分为两类，第一类是障碍度最初排在前列而后逐渐降低的指标，如森林覆盖率在 2016 年的障碍度最高为 11.30%，从 2018 年开始不再进入前 6 位，说明我国的森林系统已得到改善；第二类是在后期进入前 6 位的指标，如全国受威胁动物种数、全国受威胁植物种数、林业年度完成投资额、水资源总量、水资源总量变化率与 GDP 增速，障碍度从 2018 年起出现在前 6 位，2021—2023 年一直排在前列，是影响可持续性的主要障碍因子。因此，未来需要继续保护受威胁动植物物种、加大资金投入力度、关注水资源的使用效率与继续鼓励经济快速增长，从而提高保护区系统整体运行的可持续性水平。

综上所述，对自然保护区可持续性水平起主要支持作用的子系统为社会、经济与政策环境，行动者，资源系统与治理系统，而资源单位与相互作用子系统对系统运行结果的贡献程度较低。在子系统中，社会、经济与政策环境，行动者与治理系统的支持力度不断提高，而资源系统、资源单位与相互作用是系统可持续运行的重要因素，依旧需要加大关注力度。从指标层看，人口增长率、研发投入占 GDP 比重、森林覆盖率、水资源总量变化率与年发布政策数量是影响可持续性水平的主要因素。其中，人口增长率、研发投入占 GDP 比重、年发布政策数量与森林覆盖率对可持续性的支持作用不断增强，反观水资源总量、全国受威胁动物种数、全国受威胁植物种数、林业年度完成投资额、水资源总量、水资源总量变化率与 GDP 增速是阻碍可持续水平提高的重要因素，需要继续提高其保护水平。

5.5 自然保护区社会—生态系统运行的机理分析

根据社会—生态系统框架理论及各层级子系统组分概念，结合本章对自然保护区可持续性水平评价与障碍因子分析中子系统及其指标对可持续性水平的支持与阻碍程度，笔者绘制了自然保护区社会—生态系统运行的机理图，如图 5.4 所示，并对子系统之间的关系及对系统运行结果的影响机理进行了分析。

5.5.1 社会、经济与政策环境对系统运行的影响

社会、经济与政策环境为自然保护区系统运行提供社会、经济与政策资源，其组分变化对行动者的参与程度、治理规则的设定、资源使用量与使用效率、保护与利用的相互作用水平，以及系统运行的可持续性结果有直接的影响。由前文分析可知，人口增长率、人均可支配收入与研发投入占 GDP 比重为衡量系统可持续运行的主要因素，GDP 增速也是目前系统运行的主要障碍因子，因此，这 4 个组分的变化在很大程度上影响其他子系统与可持续性水平。一方面，人口增长率的下降与收入的增加可以降低行动者中其他利益相关者对保护区资源的开发强度，减少资源系统和资源单位的资源利用总量，并且降低焦点行动情境的开发与利用相冲突的程度。另一方面，GDP 增速与研发投入占 GDP 比重的提高可以提升保护区资源的使用效率，减少全国受威胁的动植物物种数量，增强对保护区管理机构的资金保障，从而增强保护区的管理能力，推动相关政策的制定与有效实施，进一步提升系统运行的可持续性水平。

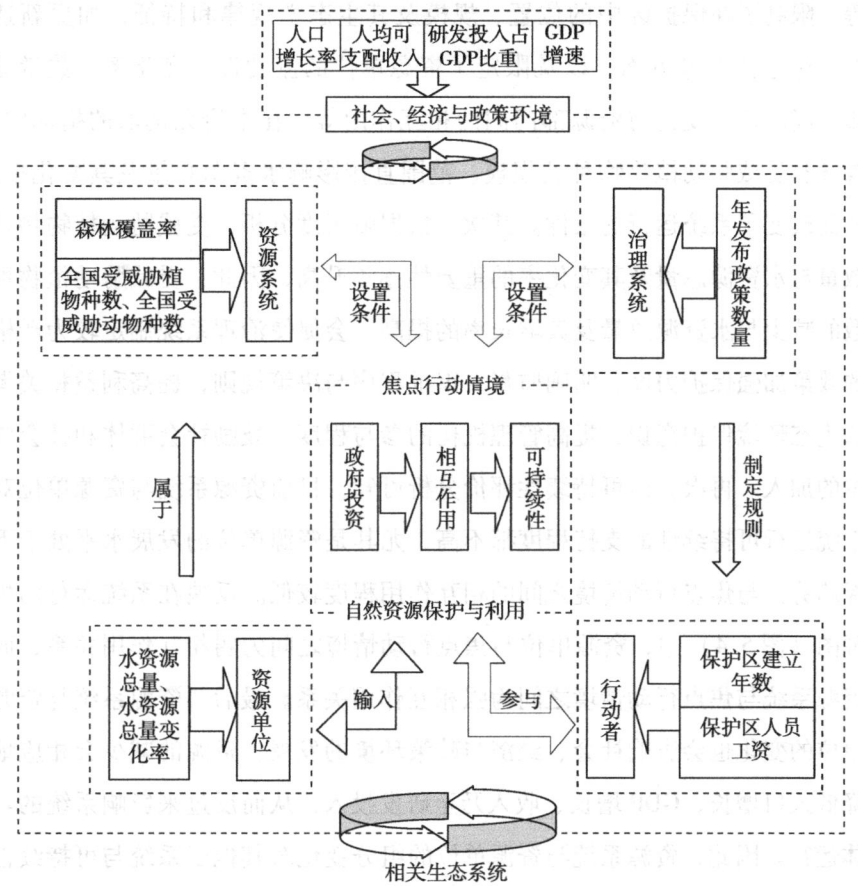

图 5.4　自然保护区社会—生态系统运行机理

5.5.2　资源系统与资源单位对系统运行的影响

资源系统与资源单位是系统可持续运行的基础，为焦点行动情境自然资源的保护与利用提供条件，子系统组分的变化强烈地影响资源保护与利用的程度、行动者在焦点行动情境的参与水平以及治理系统的规则设定。首先，由于资源单位是资源系统的一部分，直接受资源系统影响的是资源单位的利用。资源系统界定了资源部门及其范围边界，如森林、水资源等，限制了在保护区中的位置、规模及其生态学规律和特征，如更新速度、保存特点等方面，以及限定了资源单位的流动性、变化率、数量分布、经济价值变化与资源部门间的相互作用等。在本研究选取的指标中，森林和受威胁动植物物种的规模、范围直接影响水资源总量及其变化率，从而改变了系统运行的条件。其次，根据障碍度分析，受威胁动植物物种数量与水资源总量及其变化率的重要性逐年升高，因此，受威胁动植物物种数的减少与水资源总量及其增长率的提高，会促使治理系统制定较为严格的政策加强保护力度，明确监督、审批程序与决策规则，提高利益相关者的生态环境保护意识，提高管理机构的参与程度，鼓励社会群体和社会资本的加入。再次，由可持续性评价分析可知，目前资源系统与资源单位对系统运行可持续性的支持程度都不高，尤其是资源单位的发展水平处于下降趋势，与焦点行动情境之间的相互作用程度较低。反映在系统运行的机理图（图5.4）中，资源单位与焦点行动情境之间为弱相互作用关系，而资源系统与焦点行动情境之间为强相互作用关系。最后，资源系统与资源单位的变化也会影响社会、经济与政策环境的发展，资源的减少会相应地降低人口增长、GDP增长、收入乃至研发投入，从而反过来影响系统的整体运行。因此，资源系统与资源单位的组分变化对其他子系统与可持续性的水平变化有关键性的作用。

5.5.3 治理系统对系统运行的影响

治理系统对系统运行的影响主要体现在对资源保护与利用规则的调整，其组分变化与行动者的参与规则、资源保护的工具提供及设施建设、资源的使用效率、资源保护与利用的相互作用程度有直接关系。由可持续性评价分析可知，政策发布的连续性对可持续结果的支持程度在波动中升高，是系统运行的重要因素，反映在系统运行的机理图（图5.4）中，治理系统与焦点行动情境之间的关系为中等相互作用。而由障碍因子分析的结果可知，障碍度在逐年下降，说明我国自然保护区政策制定的有效性不断提高。因此，治理系统发布的相关政策完善更新了决策监督规则、资源利用规则，将提高资源系统的保护设施建设水平、维持资源可持续的替代率，在当前社会经济发展条件下的相关群体生活质量及群体间的关系网络等方面，有利于提升各子系统的发展水平，增强自然保护区的可持续性。

5.5.4 行动者对系统运行的影响

行动者是自然保护区社会—生态系统焦点行动情境自然资源保护与利用的主体，影响资源系统与资源单位的使用总量、使用效率与资源存量，进而影响社会经济的发展水平，决定着系统运行可持续性结果的变化。由可持续性评价分析可知，行动者对系统运行的可持续性水平的支持作用不断增强，因此行动者与焦点行动情境之间的关系为强相互作用，如图5.4所示，并且保护区建立年数和保护区人员工资是影响可持续性的主要因素，在研究年份，行动者子系统障碍度逐渐降低，说明管理机构的管理活动扩大了森林覆盖率，提高了系统的可持续性水平。根据社会—生态系统理论框架对自然资源保护与利用的相互作用分析可知，开发保护区资源的组织和个人的数量、技术水平、生态环境保护意识水平以及投入的社会资本都将影响最终结果。因此，在行动者子系统中限制开发者数量、了解利益相关者的目的与利益及其对资源的依赖程度，通过与相关群体的合作共管，运用周边社区资源保护的经验，加大社会资本投入，均能进一步提高行动者子系统对可持续性水平的贡献度。

5.5.5 行动情境对其他子系统的反馈作用

除其他子系统对焦点行动情境自然资源的保护与利用的输入、参与及条件设置外，焦点行动情境中相互作用导致的可持续性水平也会通过反馈作用传递给其他子系统，如图5.4所示，主要体现在对资源系统与资源单位资源存量的调整、行动者的资源保护与利用程度、政策规则的改变与社会经济发展的限制等方面。根据前文分析可知，近年来，相互作用子系统的发展水平不断下降，而资金投入对可持续性的重要程度逐渐提高。首先，资金投入可以提高开发资源系统与资源单位所涉及的技术水平、基础设施建设程度与受威胁动植物物种的种群数量，从而提升资源的使用效率与发展水平。其次，资金投入的增加保障了行动者子系统中管理机构的运行，而社会资本的加入也有利于缓解保护与利用之间的矛盾，降低周边利益相关群体对保护区资源的开发程度。再次，资金投入对治理系统的反馈主要在于增加社会资本投入以便形成多群体的良好合作，并进一步建立利益相关者参与保护区共管的制度。最后，相互作用导致的可持续性水平不仅能够维持自然生态系统的发展，还是社会经济发展的有力支撑，与社会、经济与政策环境以及其他相关生态系统形成良性的循环往复过程。

因此，如果系统运行的可持续性结果不能维持良好的水平，就会减弱对相关子系统变量及发展水平的促进作用，包括资源系统与资源单位中的森林覆盖率、全国受威胁植物种数、全国受威胁动物种数、水资源总量及水资源总量变化率等，可能促使治理系统作出较为严格的规定，限制行动者的活动程度，再反作用于社会经济，使其发展减速，陷入不可持续的恶性循环。

第6章 利益相关者参与自然保护区共管机制建构及政策保障

6.1 利益相关者参与自然保护区共管意愿的调查分析

本研究在对案例保护区——老君山保护区利益相关者的利益影响关系调查的同时设计了问卷,包括受访者个体特征、参与保护区共管的情况、保护区共管的现状、利益相关者之间的关系对彼此发展的影响,以及是否愿意参与自然保护区共管5个方面的问题,旨在了解利益相关者参与保护区共管的意愿。样本总量与有效率同前文一致。

6.1.1 样本特征分布

本次调查的受访者主要常住地区为栾川县、洛阳市其他县区与河南省其他城市,填写问卷时主要为老君山景区和栾川县地区的利益相关者,说明大多受访者的工作和生活与老君山保护区或景区息息相关,年龄主要集中在20~39岁,个人月收入在2001~4000元,以游客、栾川县其他事业单位人员和老君山景区的工作人员为主,如表6.1所示。值得注意的是,部分受访者同属老君山景区和保护区管理局两个群体,说明两个群体的工作人员有重合的情况,这是由于保护区管理局在2007年转制前曾经营管理景区,转制后也有个别人员在景区工作。

表 6.1 利益相关者的样本特征分布

项目	特征分布	人数（人）	占有效样本量的百分比（%）	项目	特征分布	人数（人）	占有效样本量的百分比（%）
填写问卷时所在地	老君山景区	74	62.7	常住地区	河南省其他城市	24	20.3
	栾川县其他地区	32	27.1		栾川县	70	59.3
	洛阳市其他县区	3	2.5		洛阳市其他县区	24	20.3
	河南省其他城市	3	2.5		其他省份	0	0
	其他省份	3	2.5		其他国家和地区	0	0
	其他国家和地区	3	2.5				
年龄	16~19 岁	4	3.4	从属的利益相关群体	保护区管理局	5	4.2
	20~29 岁	40	33.9		保护区管理局/景区（共同成员）	2	1.7
	30~39 岁	43	36.4				
	40~49 岁	23	19.5		景区	20	16.9
	50~59 岁	8	6.8		栾川县其他事业单位人员（如林业局、生态环境分局、文旅局等）	23	19.5
	60 岁及以上	0	0				
个人月收入	0~2000 元	24	20.3		游客	47	39.8
	2001~4000 元	43	36.4		大学及研究机构	4	3.4
	4001~6000 元	35	29.7		村委会	4	3.4
	6001~8000 元	4	3.4		其他	12	11
	8001~10000 元	4	3.4				
	10001~15000 元	4	3.4				
	15001~20000 元	4	3.4				
	20001~30000 元	0	0				
	30001~50000 元	0	0				
	50000 元以上	0	0				

6.1.2 利益相关者参与自然保护区共管的意愿程度

在受访者参与老君山保护区管理的程度方面，如表 6.2 所示，"没有参与过保护区活动和管理决策"的受访者占 43.2%，"参与过保护区活动，但没有参与管理决策"的受访者占 33.1%，"保护区曾经征求您的意见，但您没有直接参与决策"的受访者占 6.8%，而"参与过保护区管理决策"和"经常参与保护区管理决策，有决策权，并能监督管理实施"的受访者分别为 10.2% 和 6.8%，后两类受访的利益相关者基本上来自保护区管理局和相关政府部门。这一结果说明，目前其他群体和机构在保护区中参与管理的程度较低，并且参与程度随决策程度逐渐升高而降低。

表6.2 利益相关者参与自然保护区共管的意愿程度

题项	人数（人）	占有效样本量的百分比（%）
1. 您参与老君山保护区管理的情况如何？		
没有参与过保护区活动和管理决策	51	43.2
参与过保护区活动，但没有参与管理决策	39	33.1
保护区曾经征求您的意见，但您没有直接参与决策	8	6.8
参与过保护区管理决策	12	10.2
经常参与保护区管理决策，有决策权，并能监督管理实施	8	6.8
2. 相关的利益机构、群体和个人参与老君山保护区共管的现状，您认为是以下哪种情况？		
不了解相关的利益群体和共管活动	59	50
有相关利益群体的共管部门，没有开展共管活动	16	13.6
有相关利益群体的共管部门，开展过会议等形式的沟通	16	13.6
有相关利益群体的共管部门，达成了共管协议，不定期召开共管活动	12	10.2
有相关利益群体的共管部门，建立了共管计划，定期开展共管活动，取得了一定成效	15	12.7
3. 您认为与老君山保护区相关的利益机构、群体和个人之间的关系，对彼此之间的发展有哪些影响？		
有很大的利益冲突，非常不利于发展	4	3.4
有局部利益冲突，不利于发展	8	6.8
没有冲突，未损害发展，也没有什么关系，未带来利益	15	12.7
有积极的关系，对发展有促进作用，但是影响程度较低	16	13.6
关系良好，非常有利于共同发展，以及当地环境、社会和经济的共赢	75	63.6

续表

题项	人数（人）	占有效样本量的百分比（%）
4. 您是否愿意参与老君山保护区的共管？（如建立共管机构，参与会议、协商、决策制定、培训，监督和评估共管成效等）		
1分——非常不愿意	4	3.4
2分——不愿意	4	3.4
3分——一般	16	13.6
4分——愿意	19	16.1
5分——非常愿意	75	63.6
平均分：4.33		

对于各群体参与老君山保护区共管的现状，50%的受访者"不了解相关的利益群体和共管活动"，认为"有相关利益群体的共管部门，没有开展共管活动"与"有相关利益群体的共管部门，开展过会议等形式的沟通"的受访者均为13.6%，10.2%的受访者认为"有相关利益群体的共管部门，达成了共管协议，不定期召开共管活动"，12.7%的受访者认为"有相关利益群体的共管部门，建立了共管计划，定期开展共管活动，取得了一定成效"。这一结果与调查过程中了解到的没有利益相关者的共管部门不符合，主要原因是老君山保护区由保护区管理局日常管理，而由县林业局和县生态环境分局等相关政府部门协调监督管理，所以近一半的受访者认为参与自然保护区共管指的是从属与监督管理关系，与研究界定的利益相关者的权力和利益共赢的共管并不相同，说明管理部门的工作人员对自然保护区共管的认识也不高。

在各相关群体间关系对彼此发展的影响方面，63.6%的受访者认为群体间"关系良好，非常有利于共同发展，以及当地环境、社会和经济的共赢"，认为群体间"有积极的关系，对发展有促进作用，但是影响程度较低"和"没有冲突，未损害发展，也没有什么关系，未带来利益"的受访者占比分别为13.6%和12.7%，认为群体间"有局部利益冲突，不利于发展"和"有很大的利益冲突，非常不利于发展"的受访者较少，分别为6.8%和3.4%。这一结果说明大部分的利益相关者肯定利益相关者之间的关系良好会促进彼此的共同发展，在实际中应该加强联系，并重视解决群体间的利益冲突问题。

在是否愿意参与老君山保护区的共管方面，包括建立共管机构，参与会议、协商、决策制定、培训，监督和评估共管成效等，"非常愿意"的占63.6%，"愿意"和"一般"的分别占16.1%和13.6%，"不愿意"和"非常不愿意"的均占3.4%。平均得分为4.33，说明大部分利益相关者参与自然保护区共管的意愿较好。

综上所述，由利益相关者参与自然保护区共管的意愿水平可知，目前利益相关者参与共管的程度较低，决策权主要集中在管理机构和相关政府部门，大多数利益相关者不了解共管，老君山保护区没有建立各利益群体有效参与的共管部门；但是大部分的利益相关者已经认识到各群体间关系良好有利于社会、经济和环境的共赢，也愿意参与自然保护区的共管。因此，对实现共管以及搭建共管平台提供了良好的群体基础，也具备了一定的可行性。

6.2 利益相关者参与自然保护区共管机制建构

利益相关者参与自然保护区共管是我国自然保护区政策发展的方向之一，在政策演进中验证了做好群众工作是自然保护区管理中的优秀经验。在自然保护区发展的新时期，群众工作逐渐演变为合作管理、社会共管等形式。本研究结合前文利益相关者的分析以及自然保护区社会—生态系统运行的机理分析，建构了以保护区管理机构为主导的利益相关者参与自然保护区的共管机制，框架如图6.1所示，具体作用机制在下文加以分析。

6.2.1 社会、经济与政策资源的输入机制

首先，利益相关者参与自然保护区的共管建立在一定的社会经济发

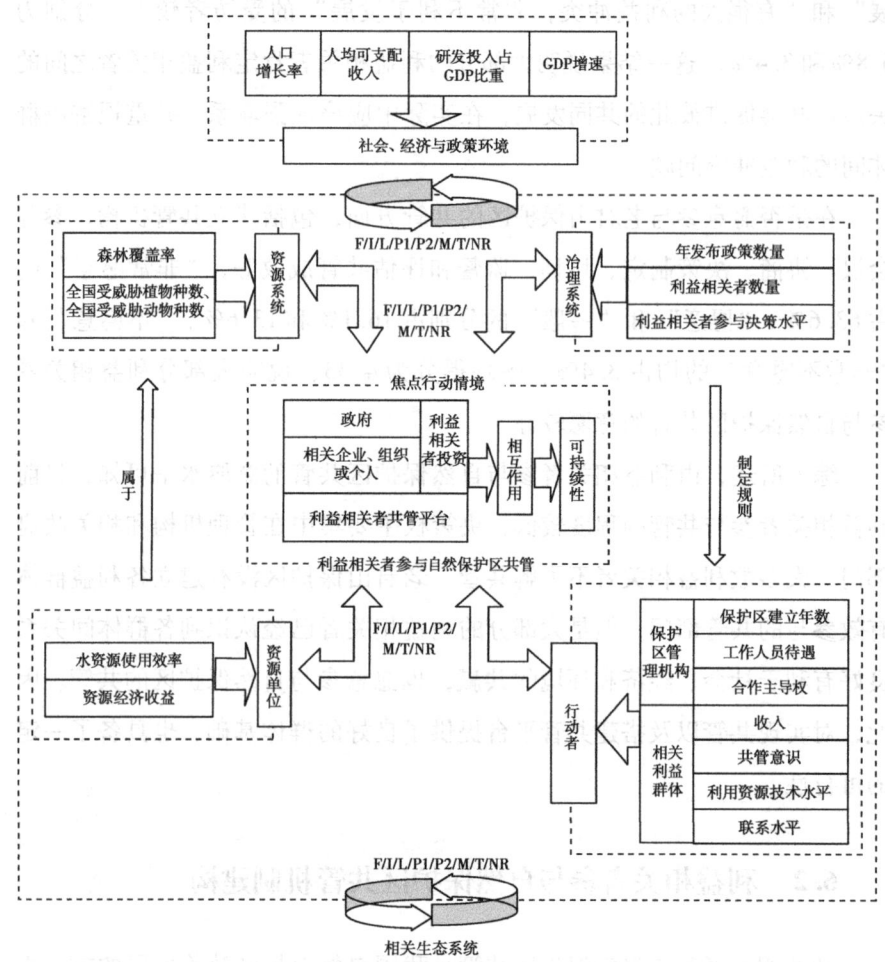

图 6.1 利益相关者参与自然保护区共管机制框架

注：⇨代表直接作用，↻代表子系统相互作用，⇌代表系统间物质能量流动与交互作用；F 代表"资金"，I 代表"信息"，L 代表"劳动力"，P1 代表"政策"，P2 代表"生产"，M 代表"管理"，T 代表"技术"，NR 代表自然资源。

展、政策保障与资源基础上。社会、经济与政策环境不仅为自然保护区社会—生态系统运行提供条件（见图 6.1），也为利益相关者参与自然保护区的共管提供支撑，在自然保护区共管运行的过程交互社会、经济与政策资源，由第 4 章保护区运行的均衡模型可知（见图 4.6），资金、技术、信息、劳动力、政策、生产、管理和自然资源等的双向流动，影响共管的有效性。

其次，资源系统与资源单位既是利益相关者参与自然保护区共管的基础，也是根本目的。利益相关者参与自然保护区共管最终是为了自然资源的可持续，提高自然生态系统的功能，如增加森林和水资源等的存量和使用效率、保护野生动植物物种的生存条件等。不仅如此，随着社会经济的发展，自然资源与生态系统功能的存续也有利于提高资源的价值，增加资源在社会经济发展中的收益，进而提升对自然资源保护的质量。

再次，政策制定决定共管的有效性。由政策分析可知，政策演进呈现"政策发布—科研管理实践—归纳存在问题—推陈出新"的螺旋式上升特征，因此，政策演进的主要动力来源于解决前一个时期或当前存在的问题。在当前自然资源保护与利用的矛盾状况下，有必要了解利益相关群体的诉求、类别和规模，通过治理系统完善政策规则，提高利益相关者在共管中的决策程度。

最后，社会经济发展状况奠定了共管的物质基础。群体间合作共赢的共管机制必然建立一定的社会发展和经济基础上，如群体的人口数量影响资源保护与利用的程度，GDP增速、收入和技术的提升均决定了共管的资金支持与资源使用效率的提升。因此，社会、经济与政策资源等的有力输入与充分支持决定共管的背景条件。

6.2.2 利益相关者的参与机制

利益相关者为建立的自然保护区的共管机制源源不断地提供资金、人力、技术、信息、政策管理建议、适当的生产活动和相关资源等。各群体参与自然保护区共管的水平在很大程度上取决于其群体特征，影响利益相关者在焦点行动情境自然保护区的保护与利用中的行为决策。一方面，由自然保护区的运行机理分析可知，系统运行的可持续性水平随着管理机构建立年数的增加与工作人员待遇的提高而增长，这也体现了保护者的行为特征。另一方面，我国自然保护区周边的利益群体多为开发者，结合第4

章对利益相关者的分析，将开发者转变为参与保护区共管的群体，就能实现弱反馈到强有力支持的转变。根据社会—生态系统理论框架，行动者的特征，如收入、环境意识水平、利用资源的技术水平与行动者之间的联系程度均影响对资源的使用程度。因此，如果利益相关者参与共管能提高其收入和自身环境保护意识水平，那么通过培训掌握了较为先进的设备与技术，有利于提升资源使用效率，减少资源的消耗量，从而能够增强与其他利益相关者之间的联系，便于更好地获得各方面的信息和学习渠道。因此，在保护区管理机构把握共管主导权的前提下，继续加强利益相关者之间的深入合作，最终可以提高共管效率。

6.2.3 自然保护区的冲突缓解机制

首先，利益相关者参与保护区共管有助于缓解焦点行动情境自然资源的保护与利用之间的冲突。随着保护区中人类活动的不断增加，严重影响了自然保护区社会—生态系统的可持续性。利益相关者在保护区中的开发行为主要是为了获得更多的收入，若能通过共管共赢使周边群体获得长期可持续的收入，就可以在一定程度上缓解开发与保护之间的矛盾。

其次，利益相关者参与保护区共管可以改变焦点行动情境相互作用的状况，可能直接或间接影响可持续性的结果。如果共管能通过建立相关群体的合作关系、协商或监督等活动增加社会投资，促进周边社区的社会进步和经济增长，就能改变焦点行动情境相互作用的方式和程度，最终提升可持续性的水平。

最后，利益相关者的行为决策具有路径依赖的特征，可能通过影响子系统组分作用于可持续性的结果。一旦利益相关者采取某种决策方式，如开发或者保护活动的行为决策调整，就可以通过影响子系统的发展水平，如治理系统改变规则加强利益相关者的监督权、提高其环境保护意识或资源利用效率等，调整系统运行的过程。当共管形成了良性的运行状态，如果没有意外冲击改变运行状态，系统就会一直沿着完善共管的趋势向前发展，不断调整各变量与子系统的发展水平，循环往复优化可持续性的结果。因此，利益相关者参与自然保护区共管的冲突缓解机制，必然将改善系统运行的可持续性水平。

6.2.4 自然保护区系统运行结果的反馈机制

资源系统、资源单位、治理系统和行动者子系统影响利益相关者参与自然保护区共管的社会经济资源输入与自然资源的保护与利用多个方面，而自然保护区系统共管的结果也对子系统的发展有反馈作用，依旧通过资金、技术、信息、劳动力、政策、生产、管理和自然资源等的流动传递。

一方面，利益相关者参与的共管导致系统运行的不同结果对子系统发展的反馈作用有较大的影响。如果共管产生良性循环，系统运行的可持续性增加，就会持续地提高经济增速、收入以及研发投入等，政策逐渐完善，增强了资源保护的效果；如果利益相关者之间没有达成有效的共管，系统的可持续性水平下降，如某些违规开发行为或者污染超标的情况，就会直接影响资源保护的状况，并且可能进一步导致资源开发与保护的矛盾恶化，难以对社会进步、经济发展与政策制定等形成正反馈作用，不能对这些方面形成平等有力的支撑，可持续发展难以为继。

另一方面，自然保护区社会—生态系统的运行结果对子系统的反馈作用具有滞后性和长期性。根据人与自然耦合的复杂性理论，这些反馈往往不能即时被发现，而是具有滞后性的特征。在共管建立之初也许难以觉察对子系统的反馈作用，随着时间推移，就会发现其对资源的合理利用和物种保护等方面发挥着积极的作用。同样，如果对资源过度利用导致了系统运行的失衡状态，就会形成负反馈作用，需要一段时间才能测量其复杂结果。此外，共管结果的有效性也将长期存在。当保护区的利益相关者之间建立了有效的共管合作机构，满足了相关群体的收益与发展需求，就会对保护区以及周边社区的可持续发展产生长期稳定的影响。

不仅如此，系统运行结果的反馈也会导致一些意想不到的结果，不仅影响保护区的社会—生态系统，也会对其他系统的时空发展产生深远的影响。例如，我国大多数的野生动植物类自然保护区是生物多样性的重点涵养区，是实现当前"双碳"目标与应对气候变化的重要区域。因此，利益相关者参与保护区的共管可能对保护区外部的其他相关生态系统产生直接或间接的远距离交互影响。

6.3 利益相关者参与保护区共管的平台搭建

6.3.1 共管平台的建立

根据前文对案例保护区利益相关者的分析，利用不同群体在网络中的影响，搭建利益相关者参与保护区共管的普遍性平台。以往社区缺乏参与共管动力的原因在于得不到相应的利益分配，而利益相关者参与保护区共管的相关方都是利益群体，在保护区中的活动抱有各自目的，有利于提高共管的有效性。

一方面，根据利益相关者的社会网络分析可知，在老君山保护区中，景区作为核心利益群体，参加了网络中的所有派系，对其他群体有很强的影响和控制能力，同时，景区与保护区管理局是联结多对利益相关者的桥梁，二者与政府部门之间是合作与监督管理的关系，如果利用景区与其他利益相关者建立联系，有利于提高和推进共管的效率和进程；另一方面，商户和道教协会是常年在保护区中经营和提供服务的利益相关者，尽管游客群体的组成在不断变化，但他们的整体行为对区内资源有重要的影响，因此这3类半核心利益相关者参与保护区的共管也对资源的利用和保护起着不可忽视的作用。基于此，核心和半核心的利益相关者可以作为共管的主要参与者。另外，其他群体虽然在网络中的影响较小，但也可以作为制衡多方权力和行为的参与者加入共管中，使权力和利益分配更加公平。

因此，为维持自然资源与生态系统的可持续发展，利益相关者参与自然保护区的共管应该以以保护为职责的保护区管理局为主导，景区、商户、道教协会和游客为主要参与的利益相关群体和个人，其他在网络中影响较小的相关政府部门和媒体等为广泛的参与群体和个人，建立"自然保护区共管委员会"。

首先，在相关政府部门共同支持的基础上，保护区管理局组织为主，景区参与为辅，委托科研机构进一步充分考察不同群体和机构的利益相关者在保护区中活动的目的、利益和影响，以及更广泛的利益相关者参与保护区共管的意愿程度，了解先期积极性高、愿意参与共管的群体和机构。其次，召开多群体共同参与的研讨会，确定共管目标、制度原则、责任利益共享、实施措施、监督管理与决策制定等方面的权利和义务。再次，自然保护区共管委员会在保护区附近区域选址挂牌，负责日常协调管理，定期召开会议完善适合多群体共管的具体途径，解决群体间开发利用和保护管理相冲突的矛盾问题。最后，可以通过不同群体如科研机构为其他群体，如商户、游客、旅行社等提供有利于其生产生活的技术、管理培训与资金等，了解生态旅游的含义和实施途径。同时，通过媒体等机构进一步扩大对自然保护区多群体共管的宣传和影响力，使更多的群体和个人加入共管之中，提升共管的能力和有效性。

6.3.2　共管平台的结构分析

在对利益相关者的利益影响关系网络的分析中得到了老君山保护区利益相关者的关系网络图（见图4.4），不同群体间的关系处于不均衡的地位。景区位于网络核心地位，对其他利益相关者的控制程度较高，收获利益也较高，而保护区管理局只位于半核心地位，在与景区重叠区域的权力受限，其余利益相关者对网络的影响较少，关系松散。然而，在我国自然保护区中存在的保护与利用相冲突的现实情况，也必然导致利益相关者之间的不均衡关系状况。因此，本研究建立了基于案例保护区的自然保护区共管委员会的可持续结构，可以应用到我国其他具有相似背景的自然保护区的共管中，如图6.2所示。

本研究定义的"可持续的共管结构",一方面,指的是在以保护区管理局行为决策为主导的前提下,建立以自然保护区资源与生态系统的可持续为最终目的的共管结构;另一方面,指的是多利益群体的共管平台及其组织能力的可持续提升。因此,"可持续的共管结构"是指在自然资源可持续保护基础上的多群体共同参与的共管结构关系的可持续,各利益群体在权责明确的前提下,协商制定决策与利益分享。在同一目标的约束和不同利益的驱使下,多群体、机构和个人相互制衡,在一定程度上满足各自需求以增强共管的有效性。

这一结构旨在在共管中调整利益相关者之间的关系,适当降低核心开发者在网络关系中的高控制力和影响力,如景区;提高半核心利益相关者在共管中的关联程度,提高其他群体与网络中利益相关者的参与水平,如保护区管理局、游客、商户以及相关管理部门等,从而使当前由少数群体控制网络的不平等关系,逐渐转变为多群体共同参与保护区管理的联系与支持对等、权利与利益均衡的互惠关系。在图6.2中,为使共管结构的关系线条更加简单明了,并没有将案例保护区的全部利益相关群体呈现出

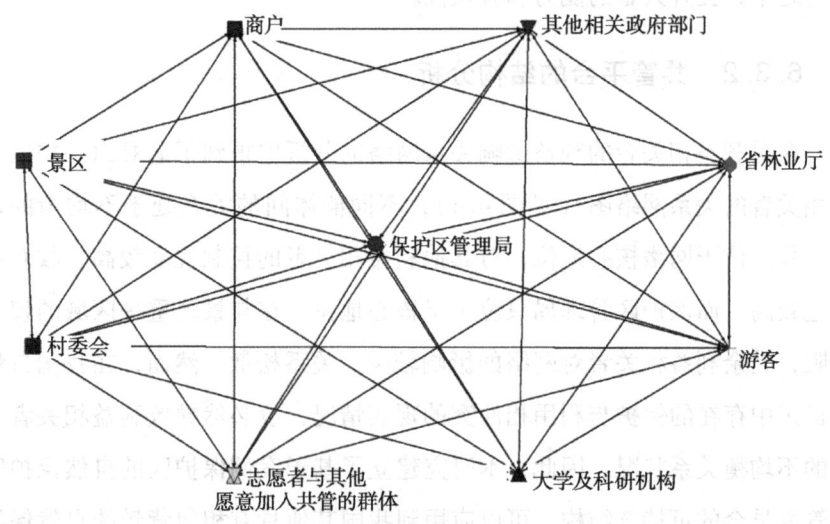

图6.2 简化的老君山保护区共管委员会的可持续结构

来，仅绘制了部分主要利益相关者的结构以作示意，但是在应用实施中，需要涵盖所有志愿参与自然保护区共管的群体。

6.4 实际应用探讨

6.4.1 明确各群体权责和利益分配

利益相关者参与自然保护区共管的平台应该建立在明确和清晰的权责与利益共享的基础上。

首先，需要确认共管委员会中各群体的共同发展目标。《中共中央关于制定国民经济和社会发展第十四个五年规划和二〇三五年远景目标的建议》中对自然保护区的发展要求是"深入实施可持续发展战略""完善自然保护地、生态保护红线监管制度"，因此，自然保护区的共管首先要保证自然资源的可持续发展。虽然不同群体在保护区中的活动有各自的动机，但是参与共管的利益相关者的目标是一致的。所以，自然保护区共管委员会的共同目标应该界定为以自然资源保护为前提的自然保护区的可持续发展。

其次，保护区管理局作为保护区的管理机构，在参与共管更好地解决各群体间矛盾问题的同时，需要承担更多的责任，如组织共管委员会的成立、制订共管计划和规章制度等方面的工作。而景区作为开发者是网络中的核心利益相关者，与其他群体的关系较为紧密，可以在协调各群体的关系方面起到积极的作用，如引导与景区相关的群体陆续开展可持续旅游的活动，减少对资源的依赖。还有，在网络中位于半核心地位的利益相关者，如商户、游客和道教协会，对保护区中资源利用的现实情况较为了解，也是主要的利益相关者，应鼓励这几类群体为共管提供新的解决问题的途径，并参与决策的实施和监督。其余一些影响较小的相关群体和机构，如相关政府部门和大学及科研机构等均可以成为有效的参与者，在帮助共管的建立、提供建议、培训和宣传等方面共享信息，畅通交流渠道，增加信任，不断提升共管的水平。

最后，为解决以往社区共管不能得到有效利益分配的问题，多利益相关者参与自然保护区的共管需要考虑各群体参与共管的利益分配问题。从各群体在保护区中的目的来看，共管可以在一定程度上保障这些群体通过资源共享渠道获得利益，从而更好地激发利益相关者参与共管的积极性，进一步完善共管委员会的合作机制与职能。另外，在利益相关者参与的共管中，因共管能力和水平的提升而大幅提高收益的群体，需要对部分利益受损的群体予以补偿，从而均衡利益的分配，满足不同群体的需求。

6.4.2 转变各利益群体的共管意识

利益相关者参与自然保护区共管的良好发展对参与者的意识也有一定的要求。本研究提出的从图4.2个别群体控制关系网络到图6.2各利益群体间可持续的均衡关系结构，很重要的一个方面是提高各利益群体对共管的意识水平。共管委员会可以开展科普宣传活动，邀请对共管感兴趣的群体、机构和个人参加培训，如了解当地的自然保护区、与保护区相关的国家政策、什么是利益相关者参与的共管、共管的目的是什么、对参与的个人和机构有哪些积极影响、如何参与共管，以及个人、机构和群体能够为自然保护区可持续发展所做的努力等。在提高共管意识的基础上，使参与共管的利益相关群体之间的关系逐渐发生质的变化，控制能力较强的利益相关者为共管提供更多的人力、资金和技术等资源，有力地促进共管发展，影响较小的利益相关者持续扩大联系水平，推动群体间的关系结构不断向较为均衡的状态演变。

意识的提升除了转变共管结构，还能在更广阔的范围中发挥参与群体的作用。以老君山保护区为例，景区作为联结多对利益相关者的桥梁，有利于向多群体传播对自然保护区可持续共管的认识，包括旅行社、游客、参与科普教育基地的单位和个人等；游客虽然是一个流动的群体，个体却来自多个地区和机构，可以吸引更多对共管感兴趣的利益相关者；对相关政府部门来说，意识提高的影响也尤为重要，如制定有关县级区域的政策和规划时需考虑保护区自然资源的可持续性；媒体也可以通过线上线下的宣传网络让更多的群体了解保护区。这些宣传、决策制定和沟通协调途径不仅能让利益相关者参与共管更具动力，增强群体间的沟通和信任，也可以进一步提高共管能力的持续提升。

6.4.3　提高利益相关者的影响力

重视位于半核心和边缘地位利益相关者的作用，提高这些群体在共管中的影响力。在保护区利益相关者的利益影响关系网络中，虽然位于半核心和边缘的群体影响较弱，但是它们将网络中分离的部分连接为一个整体，也缺一不可。习近平总书记在对"全面建成小康社会"的论述中指出："保护生态环境就是保护生产力，改善生态环境就是发展生产力。"因此，半核心的利益相关者如老君山保护区中的商户、游客和道教协会，在保护区中获得利益的同时，需要对资源保护作出贡献，才能获得更多的收益，而且研究表明，这些群体对保护区的认知有不同见解，还可以丰富共管的经验和手段。其他位于边缘位置的群体，如科研单位、媒体、施工单位和相关政府部门，可以为共管提供科学知识和生态监测的数据，在更广泛的区域内对保护区的资源保护和共管活动进行宣传，对进驻保护区的单位进行环保科普宣传，以及政府部门在行政审批时心系绿水青山，均有利于共管活动的开展和自然生态的可持续。因此，也要保障这些利益相关者的权利和义务，在共管中可以进一步提高这些群体的影响力与关联程度，紧密关系网络的联系，促成更多的联结和派系，使原本的线状联结关系真正转变为共管网络，发挥效力。

此外，在多群体的共管中，除了核心地位的利益相关者，位于半核心与边缘地位的利益相关者可能是大多数。例如，老君山保护区中的游客群体在保护区与景区重叠区域的活动是最多的，由于游客群体没有固定成员，每位游客都是活动中的单独个体，因此，可以借助网络平台实现自然保护区共管委员会的线上共建形式。在景区购票平台共享链接，游客在网络平台读取可持续旅游模式的科普信息，并在游览之后上传对共管的建议，从而能高效便捷地实现游客这一非固定群体在共管中的参与。同时，任何其他有志于保护区共管的机构、群体和个人都可以通过网络平台参与共管，由自然保护区共管委员会的智能助手汇总和接洽外部的群体和机构，并定期发布共管委员会的培训和商讨会等信息，鼓励和培养更多的利益相关者参与其中。这一形式不仅进一步扩大了共管的地域范围，也能够提升保护区共管的质量与效率。

6.4.4 鼓励更多群体参与保护区共管

利益相关者参与自然保护区的共管鼓励与保护区有利益影响关系，以及所有有志于自然资源可持续发展的个人、机构和群体的加入。本书调查研究得到的利益相关者是目前与保护区有关联的利益群体，随着社会经济政策和自然环境的发展变化，未来可能会有新的群体与保护区产生联系。只要共管的目标不变，共管平台就会不断地与各类群体交互社会经济与政策资源。

保护区共管需要更多群体参加的原因主要有以下两个方面。

一方面，根据文献分析可知，过往研究运用多领域的方法分析了自然保护区管理中所涉及的利益相关者，为利益相关者参与保护区的共管奠定了一定的理论基础。而利益相关群体参与共管可以借鉴其他地区共管的模式和经验，再与本地不同群体的联系以及参与的实际情况相结合，形成适用于我国自然保护区共管的机制与形式。因此，需要更多的群体和个人加入共管，尤其是科研机构，可以帮助更好地促进不同阶段参与群体共管意识水平的提升，监测保护区内自然资源变化、共管成效与保护区可持续发展趋势等方面的情况。

另一方面，共管的建立需要更多具有自然保护区、利益相关者管理知识和多种技术、资金等资源的机构与群体的参与。我国的自然保护区大多位于远离城市的县区，目前利益相关者参与保护区活动的程度较低，这也与管理机构目前所提供的参与活动的种类不够丰富、频率较低以及参与决策的程度不高有关。究其原因是目前的自然保护区管理是自上而下逐级通知决策的模式。而根据调查结果，主要利益相关者的参与意愿较好，因此，可以采取多种可行的方式鼓励周边群体的加入，使参与群体和个人成为共管顺利开展的保证。同时，通过宣传吸引更多的外部群体加入，补充本地利益相关者知识和技能的不足，更好地推动共管委员会的建立并维护共管平台长期有效地运行。

6.5 政策保障

建立利益相关者参与共管的机制是对我国以往自然保护区管理的一次革新。《中共中央关于制定国民经济和社会发展第十四个五年规划和二〇三五年远景目标的建议》中提出"加强和创新社会治理""畅通和规范市场主体、新社会阶层、社会工作者和志愿者等参与社会治理的途径"。因此，畅通和规范多群体共同参与保护区管理离不开政策法规的支持。

首先，需要在政策上赋予利益相关者知情权、参与权、决策权和监督权。拥有权利才能保障利益。由于共管的本质是重视不同群体的利益诉求，解决环境与社会经济发展的矛盾，转变不同群体的联系和影响力，达成保护区的可持续发展，因此，为避免忽视重要群体的参与，应在通过实际考察确定保护区的利益相关者后，出台有关共管的政策保证其参与权。以往自上而下的管理方式增加了沟通成本，不利于提高参与效率。而线上共管平台可以通过人工智能汇总反馈问题和监督建议，保证利益相关者可以直接与保护区的共管委员会对话，这一方式对分散的群体尤为重要。除了通过网络平台参与和监督，利益相关者也可以直接与共管委员会沟通合作。因此，多利益相关者参与的共管在一定程度上会降低协作效率，但也可以通过线上的方式降低沟通成本，从而大幅提高管理效率。

其次，提高保护区管理机构的管理权限。由于当前我国自然保护区范围较大且存在管理人员不足的问题，对保护区中的过度开发或违法违规现象不能进行及时处理。对于老君山保护区来说，老君山在交由景区经营管理之前，也曾开展旅游活动，但是规模不大，收益不高；而在保护区管理局转制、景区经营旅游以后，虽然保护区管理局不参与旅游经营，但有个别管理人员在景区中工作，因此，仍存在管理界限不清晰，出现开发项目未经审批提前施工的情况。在这一旅游高收益区域，政府相关部门对保护区的监督协调力度也略显不足。综上所述，厘清保护区的管理权界限有助于提高管理效果，也符合《中共中央关于制定国民经济和社会发展第十四个五年规划和二〇三五年远景目标的建议》中"完善自然保护地、生态保护红线监管制度"的要求。在规章制度限定之内，为保护区管理与共管平台的良好运行提供政策保障。

最后，控制开发群体行为。以老君山保护区为例，保护区坐落的栾川县2008年被定为国家级贫困县，于2019年正式摘帽，2020年入选文化和旅游部的全域旅游示范县，自此旅游业成为栾川县脱贫致富的主要产业，对当地的社会经济发展、旅游文化宣传与提高中部地区旅游产业的知名度起到了重要作用。《自然保护区条例》中规定可以在保护区的实验区中从事"科学试验、参观考察和旅游等活动"。但是，本研究调查发现景区在关系网络中的地位高、影响力大，而保护区管理局在资源开发方面的管理权受限，对扩大景区建设过程中出现的先建后批等违规行为不能及时惩处，对保护区与景区的重叠区域中不合理的建设项目力不从心，最终会影响保护区内资源和生态的可持续性，难以形成共管合作的基础。《关于建立以国家公园为主体的自然保护地体系的指导意见》中指出要解决"自然保护地区域交叉、空间重叠的问题"，应该在合法合规的范围内控制开发者行为，有必要为保护区实验区的旅游开发与共管活动建立准则和依据，用政策工具制约过度的开发行为，对于欠发达地区的自然资源保护和经济

第6章 利益相关者参与自然保护区共管机制建构及政策保障

发展尤为重要。

  本研究对利益相关者参与自然保护区共管机制的探讨，希望可以为老君山保护区和我国具有相似背景的保护区的共管提供参考，但是，对于不同地域保护区的利益相关者会呈现更加丰富的特征和关系变化，有待在未来的研究中继续调查和探讨，并且不能直接照搬国际上利益相关者参与共管的机制，需要立足本地实际情况形成我国利益相关者参与自然保护区共管的理论。

第7章 研究结论及展望

7.1 研究结论

本研究以自然保护区中的利益相关者为研究对象,依循我国自然保护区的政策演变历程及其对资源保护的规律性特征分析提出研究的现实需求,调查了与案例保护区相关的利益方;依据人类生态系统理论总结了基于利益相关者的自然保护区运行的失衡现状,并结合人与自然耦合的复杂性分析了系统实现均衡运行的途径;随后,借鉴社会—生态系统的概念框架制定了自然保护区可持续性的评价指标体系,运用熵值法与障碍度模型评价了各子系统与可持续性结果的变化趋势及影响因素,并分析了系统运行的机理;最终建构了利益相关者参与自然保护区共管的机制,讨论了共管平台的可持续结构、应用措施与政策保障。主要结论如下:

①根据文献计量分析,由自然保护区与资源管理中利益相关者研究的共被引知识图谱可知,过往研究问题有一定程度的交叉,但不同地区社会政治文化方面的背景不同,难以在不同案例研究的基础上进行对比分析;从研究领域来看,文献涉及了生态学、海洋学、水资源、土地利用、生物多样性保护、环境科学、社会学与地理学等多学科知识;在研究方法方面,以案例分析为主,在文献和理论分析的基础上,主要运用问卷调查和访谈的方法分析了利益相关者的利益、影响和态度等方面的问题;在自然保护区与资源管理的利益相关者研究方面形成了一定的观点和理论体系,

但由于文献研究的案例背景、学科领域与关注问题的不同仍未形成普遍认可的框架与方法论。据此分析了我国利益相关者参与自然保护区共管的研究还需解决以下问题：一是分析利益相关者；二是开发利益相关者参与的有效机制；三是评价利益相关者参与自然保护区管理的效果；四是制定利益相关者参与的政策法规。

②通过对人类生态系统概念及主要组分、人与自然耦合系统的复杂性理论、利益相关者概念及分析方法和社会—生态系统概念框架的理解，建立了我国利益相关者参与自然保护共管的理论分析框架。先运用利益相关者的分析方法调查案例保护区的利益相关者，基于人类生态系统理论和人与自然耦合系统的复杂性理论探讨保护区运行的均衡模型及实现途径，再利用社会—生态系统理论评价我国自然保护区的可持续性、影响因素及运行机理，最终建构我国利益相关者参与自然保护区的共管机制。

③回顾了我国自然保护区政策演变的4个时期，分别为1956—1984年的建立萌芽时期、1985—1997年的稳步发展时期、1998—2014年的多元增长时期以及2015年以来的改革创新时期，发现了不同时期政策法规的适用性与存在问题，得出我国自然保护区的政策演进呈现"政策发布—科研管理实践—归纳存在问题—推陈出新"的螺旋式上升特征，政策实施推动了自然保护区的发展以及群众工作始终是政策内容的一部分，为研究奠定了现实基础。

④以老君山保护区为案例地，经过实地调研确定了保护区的利益相关者分别为保护区管理局、景区、县林业局、县生态环境分局、县自然资源局、县文旅局、省林业厅、商户、游客、大学及科研机构、旅行社、村委会、媒体、施工单位、保险公司与道教协会16类群体。进一步分析其利益影响关系的社会网络，发现景区居于网络核心地位，对网络中其他利益相关者的控制程度较高；保护区管理局作为自然资源和生态环境保护的职能部门，在网络中对其他利益相关者的控制权受限，处于半核心地位；其他利益相关者对关系网络的影响较小，与各群体的关系相对松散；以及在一

定程度上，利益相关者在关系网络中的地位随着距离增加而降低，随着在保护区中活动的增多而升高。据此建立了保护管理、社会进步及经济发展共同支撑自然资源可持续发展的互惠平等的均衡模型，可以通过转变利益相关者从对立到合作的关系、从弱反馈到强有力支持以及长期研究的支持来实现。

⑤根据社会—生态系统理论建立了我国自然保护区可持续性评价的四级指标体系，运用熵值法评价了我国自然保护区的可持续性及影响因素。结果显示，在子系统中，社会、经济与政策环境，行动者，资源系统与治理系统主要贡献了自然保护区可持续性水平得分；社会、经济与政策环境，行动者与治理系统的支持力度不断提高，而资源系统与资源单位的相互作用在一定程度上阻碍了可持续性水平的发展；从指标层来看，人口增长率、研发投入占 GDP 比重、森林覆盖率、水资源总量变化率与年发布政策数量是影响可持续性水平的主要因素；不过，人口增长率、研发投入占 GDP 比重、年发布政策数量与森林覆盖率对可持续性的支持作用不断增强，而水资源总量、全国受威胁植物种数、全国受威胁动物种数、林业年度完成投资额、水资源总量、水资源总量变化率与 GDP 增速阻碍了可持续发展。基于此，本书综合分析了社会、经济与政策环境，资源系统与资源单位，治理系统与行动者子系统对系统运行以及系统运行的可持续性结果对子系统的反馈作用机理。

⑥调查利益相关者参与案例保护区共管意愿的程度了解到，利益相关者参与共管的程度较低，决策权主要集中在保护区管理机构和相关政府部门；大多数利益相关者不了解共管，老君山保护区没有建立各利益群体有效参与的共管平台；但是，目前大部分的利益相关者已经认识到群体间关系良好有利于社会、经济和环境的共赢发展，并且愿意参与保护区的共管。

⑦结合以上研究结果，建构了利益相关者参与自然保护区共管的 4 种机制：社会、经济与政策资源的输入机制，利益相关者的参与机制，自然

保护区的冲突缓解机制与自然保护区系统运行结果的反馈机制。共管机制可以通过建立自然保护区的共管平台——自然保护区共管委员会实现，其形式以保护区管理机构为主导，核心和半核心的利益相关者为主要参与者，通过这些群体搭建沟通多利益方的桥梁，鼓励边缘利益相关者利用各自的知识、技术、资金等积极参与，并提出了简化的自然保护区共管委员会的可持续结构。在实际应用中，需要明确各群体权利责任和利益分配，不断转变其共管意识，提高利益相关者的影响力，鼓励更多的群体参与到自然保护区的共管中。最后，通过赋予参与群体合理的知情权、参与权、决策权和监督权，提高保护区管理机构的管理权限，控制开发群体行为，建立政策规则保障共管机制的良好运行。

7.2　未来展望

目前，本书构建的利益相关者参与自然保护区共管的机制仍存在进一步研究的空间。

①不同类型与地区的自然保护区的利益相关者可能存在特殊性，需要结合多案例调研，探讨利益相关者之间的相互作用，再与理论框架相结合，分析其复杂作用机理。

②调查采用"滚雪球"抽样的方法调查利益相关者的关系网络，同期得到的不同群体参与保护区共管意愿调查的样本数量有限，在接下来的研究中需要进一步扩大范围，得到更为广泛的数据支持实际共管工作的开展。

③对于研究提出的利益相关者参与自然保护区共管的机制与实施措施，有必要在未来的实际应用中评价不同群体参与管理的效果与不同参与程度对保护区可持续性水平的影响。

参考文献

[1] STUART C, BLYTH S, FISH L, et al. United Nations list of protected areas [M]. Cambridge: IUCN Publications Services Unit, 2003.

[2] HAGEN J B. An entangled bank: the origins of ecosystem ecology [M]. Piscataway: Rutgers University Press, 1992.

[3] DAILY G C, ALEXANSER S, EHRLICH P R, et al. Ecosystem services: benefits supplied to human societies by natural ecosystems. Issues in Ecology Vol. 2 [M]. Washington D C: Ecological Society of America, 1997.

[4] LIU J G, DIETZ T, CARPENTER S R, et al. Complexity of coupled human and natural systems [J]. Science, 2007, 317: 1513 - 1516.

[5] OSTROM E. A general framework for analyzing sustainability of social - ecological systems [J]. Science, 2009, 325: 419 - 422.

[6] YOUNG J C, JORDAN A, SEARLE K R, et al. Does stakeholder involvement really benefit biodiversity conservation [J] Biological conservation, 2013, 158: 359 - 370.

[7] CHEN C M. Science mapping: a systematic review of the literature [J]. Journal of geographical sciences, 2017, 2(2): 1 - 40.

[8] CHEN C M. Cite Space II: detecting and visualizing emerging trends and transient patterns in scientific literature [J]. Journal of the american society for information science and technology, 2006, 57(3): 359 - 377.

[9] FREEMAN R E. Strategic management: a stakeholder approach [M].

Cambridge:Cambridge University Press,1984.

[10] FRIEDMAN A L, MILES S. Stakeholders: theory and practice [M]. Oxford: Oxford University Press, 2006.

[11] SCHILLER C, WINTERS M, HANSON H M, et al. A framework for stakeholder identification in concept mapping and health research: a novel process and its application to older adult mobility and the built environment [J]. BMC public health, 2013, 13:428.

[12] REED M S. Stakeholder participation for environmental management: a literature review [J]. Biological conservation, 2008, 141:2417 - 2431.

[13] REED M S, GRAVE A, DANDY N, et al. Who's in and why? A typology of stakeholder analysis methods for natural resource management [J]. Journal of environmental management, 2009, 90: 1933 - 1949.

[14] HAIGH N, GRIFFITHS A. The natural environment as a primary stakeholder: the case of climate change [J]. Business strategy and the environment,2009, 18: 347 - 359.

[15] REED M S, CURZON R. Stakeholder mapping for the governance of biosecurity: a literature review [J]. Journal of integrative environmental sciences, 2015, 12:1, 15 - 38.

[16] RAMOS J, SANTOS M N, WHITMARSH D, et al. Stakeholder analysis in the Portuguese artificial reef context: winners and losers [J]. Brazilian journal of oceanography, 2011, 59(special issue CARAH):133 - 143.

[17] PRELL C, HUBACEK K, REED M. Stakeholder analysis and social network analysis in natural resource management [J]. Society and natural resources, 2009, 22:501 - 518.

[18] ALT E, Díez - de - Castro E P, Lloréns - Montes F J. Linking employee stakeholders to environmental performance: the role of proactive environmental strategies and shared vision [J]. Journal of business ethics, 2015, 128:

167 – 181.

[19] BENN S, DUNPHY D, MARTIN A. Governance of environmental risk: new approaches to managing stakeholder involvement [J]. Journal of environmental management, 2009, 90: 1567 – 1575.

[20] MOK K Y, SHEN G Q, YANG J. Stakeholder management studies in mega construction projects: a review and future directions [J]. International journal of project management, 2015, 33: 446 – 457.

[21] HEIDRICH O, HARVEY J, TOLLIN N. Stakeholder analysis for industrial waste management systems [J]. Waste management, 2009, 29: 965 – 973.

[22] LIENERT J, SCHNETZER F, INGOLD K. Stakeholder analysis combined with social network analysis provides fine – grained insights into water infrastructure planning processes [J]. Journal of environmental management, 2013:125(15), 134 – 148.

[23] DE NOOY W. Communication in natural resource management: agreement between and disagreement within stakeholder groups [J]. Ecology and society, 2013, 18(2):44.

[24] CARR G. Stakeholder and public participation in river basin management—an introduction [J]. Wiley interdisciplinary reviews – water, 2015, 2: 393 – 405.

[25] LUYET V, SCHLAEPFER R, PARLANGE M B, et al. A framework to implement stakeholder participation in environmental projects [J]. Journal of environmental management, 2012, 111:213 – 219.

[26] SCHWILCH G, BACHMANN F, VALENTE S, et al. A structured multi – stakeholder learning process for sustainable land management [J]. Journal of environmental management, 2012, 107:52 – 63.

[27] DAVIES A L, WHITE R M. Collaboration in natural resource govern-

ance: reconciling stakeholder expectations in deer management in Scotland [J]. Journal of environmental management, 2012, 112: 160 – 169.

[28] MURO M, JEFFREY P. Time to talk? How the structure of dialog processes shapes stakeholder learning in participatory water resources management [J]. Ecology and society, 2012, 17(1): 3.

[29] ACEVES – BUENO E, ADELEYE A S, BRADLEY D. Citizen science as an approach for overcoming insufficient monitoring and inadequate stakeholder buy – in in adaptive management: criteria and evidence [J]. Ecosystems, 2015, 18: 493 – 506.

[30] WILHELM – RECHMANN A, COWLING R M, DIFFORD M. Responses of South African land – use planning stakeholders to the new ecological paradigm and the inclusion of nature in self scales: assessment of their potential as components of social assessments for conservation projects [J]. Biological conservation, 2014, 180: 206 – 213.

[31] SOSTE L, WANG Q J, Robertson D, et al. Engendering stakeholder ownership in scenario planning [J]. Technological forecasting & social change, 2015, 91: 250 – 263.

[32] AGGESTAM F. Wetland restoration and the involvement of stakeholders: an analysis based on value – perspectives [J]. Landscape research, 2014, 39(6): 680 – 697.

[33] AGGESTAM F. Effects of the manager's value orientation on stakeholder participation: at the front line of policy implementation [J]. Water policy, 2014, 16(1):62 – 78.

[34] KEELER L W, WIEK A, WHITE D D, et al. Linking stakeholder survey, scenario analysis, and simulation modeling to explore the long – term impacts of regional water governance regimes [J]. Environmental science & policy, 2015, 48: 237 – 249.

[35] CHARLES A, WILSON, L. Human dimensions of marine protected areas [J]. ICES journal of marine science, 2009, 66: 6-15.

[36] MCLEOD K L, LESLIE H M. Ecosystem-based management for the oceans [M]. Washington D C: Island Press, 2009.

[37] CARCAMO P F, GARAY-FLUHMANN R, GAYMER C F. Collaboration and knowledge networks in coastal resources management: how critical stakeholders interact for multiple-use marine protected area implementation [J]. Ocean & coastal management, 2014, 91: 5-16.

[38] HECK N, DEADEN P, MCDONALD A. Stakeholders' expectations towards a proposed marine protected area: a multi-criteria analysis of MPA performance criteria [J]. Ocean & coastal management, 2011, 54: 687-695.

[39] JENTOFT S, PASCUAL-FERNANDEZ J J, RAQUEL D C M, et al. What stakeholders think about marine protected areas: case studies from Spain [J]. Human ecology, 2012, 40:185-197.

[40] CARCAMO P F, ROSA G F, SQUEO F A. Using stakeholders' perspective of ecosystem services and biodiversity features to plan a marine protected area [J]. Environmental science & policy, 2014, 40:116-131.

[41] HECK N, DEARDEN P, McDonald A, et al. Developing MPA performance indicators with local stakeholders' input in the Pacific Rim National Park Reserve, Canada [J]. Biodiversity conservation, 2011, 20: 895-911.

[42] FAGERHOLM N, KAYHKO N, NDUMBARO F, et al. Community stakeholders' knowledge in landscape assessments - mapping indicators for landscape services [J]. Ecological indicators, 2012, 18: 421-433.

[43] GARCIA-NIETO A P, QUINTAS-SORIANO C, et al. Collaborative mapping of ecosystem services: the role of stakeholders' profiles [J]. Ecosystem services, 2015, 13: 141-152.

[44] MENZEL S, TENG J. Ecosystem services as a stakeholder - driven concept for conservation science [J]. Conservation biology, 2010, 24(3): 907-909.

[45] KING E, CAVENDER - BARRES J, BALVANERA P, et al. Trade - offs in ecosystem services and varying stakeholder preferences: evaluating conflicts, obstacles, and opportunities [J]. Ecology and society, 2015, 20(3): 25.

[46] FELIPE - LUCIA M R, MARTIN - LOPEZ B, LAVERAL S, et al. Ecosystem services flows: why stakeholders' power relationships matter [J]. Plosone, 2015, 10(7): e0132232.

[47] DICK J, TURKELBOOM F, WOODS H. Stakeholders' perspectives on the operationalization of the ecosystem service concept: results from 27 case studies [J]. Ecosystem services, 2018, 29: 552-565.

[48] TROUMBIS A Y, VASIOS G K, HATZIANTONIOU M N. Multiple conservation criteria, discursive conflicts and stakeholder preferences in the era of ecological modernization [J]. Biodiversity conservation, 2018, 27: 1139-1156.

[49] CORTES - AVIZANDA A, MARTIN - LOPEZ B, CBALLOS O, et al. Stakeholders perceptions of the endangered Egyptian vulture: insights for conservation [J]. Biological conservation, 2018, 218: 173-180.

[50] BERRY P M, VERONIKA F, BLICHARSKA M, et al. Why conserve biodiversity? A multi - national exploration of stakeholders' views on the arguments for biodiversity conservation [J]. Biodiversity conservation, 2018, 27: 1741-1762.

[51] MACHLIS G E, FORCE J E. The human ecosystem part I: the human ecosystem as an organizing concept in ecosystem management [J]. Society & natural resources, 1997, 10(4): 347-368.

[52] MACHLIS G E, MCKENDRY J E. The human ecosystem as an or-

ganizing concept in ecosystem restoration [C]. Presented at the World Conference on Ecological Restoration, Zaragoza, Spain, 2005: 12-18.

[53] TURNER B L, CLARK W C, KATES R W, et al. The earth as transformed by human action: global and regional changes in the biosphere over the past 300 years [M]. 2nd ed. Cambridge: Cambridge University Press, with Clark University, 1990.

[54] HAWLEY A H. Human ecology: a theoretical essay [M]. Chicago: University of Chicago Press, 1986.

[55] BOUDON R, BOURRICAUD F. A critical dictionary of sociology [M]. Chicago: University of Chicago Press, 1989.

[56] BIDWELL C E, FRIEDKIN N E. The sociology of education, in: handbook of sociology[M]. SMELSER N J ed. Newbury Park, CA: Sage, 1988.

[57] FIELD D R, BURCH W R Jr. Rural sociology and the environment [M]. Middleton, WI: Social Ecology Press, 1988.

[58] BURCH W R Jr, DELUCA D R. Measuring the social impact of natural resource policies [M]. Albuquerque, NM: University of New Mexico Press, 1984.

[59] ABERCROMBIE N, HILL S, TURNER B S. The penguin dictionary of sociology [M]. 2nd ed. New York: Penguin Books, 1988.

[60] LENSKI G E. Power and privilege: a theory of social stratification [M]. Chapel Hill, NC: University of North Carolina Press, 1984.

[61] DE GROOT R, WILSON M, BOUMANS R. A topology for the classification, description and valuation of ecosystem goods and services [J]. Ecological economics, 2002, 41: 393-408.

[62] DE GROOT R. Function analysis and valuation as a tool to assess land use conflicts in planning for sustainable multifunctional landscapes [J]. Journal of landscape and urban planning, 2006, 75: 175-186.

[63] LOW B, COSTANZA R, OSTROM E, et al. Human ecosystem interactions: a dynamic integrated model [J]. Ecol. econ, 1999, 31: 227 - 242.

[64] REDMAN C L. Human dimensions of ecosystem studies [J]. Ecosystems, 1999, 2: 296 - 298.

[65] KINZIG A P. Bridging disciplinary divides to address environmental and intellectual challenges [J]. Ecosystems, 2001, 4: 709 - 715.

[66] GUNDERSON L H and HOLLING C S ed. Panarchy: understanding transformation in human and natural systems [M]. Washington, DC: Island Press, 2001: 508.

[67] ROSA E A, DIETZ T. Climate change and society: speculation, construction and scientific investigation [J]. International sociology., 1998, 13: 421 - 455.

[68] MILLENNIUM ECOSYSTEM ASSESSMENT. Ecosystems and human well - being: synthesis [M]. Washington, DC: Island Press, 2005.

[69] CHAPIN F S III, MATSON P A, MCCARTHY J, et al. Science and technology for sustainable development special feature: illustrating the coupled human - environment system for vulnerability analysis: three case studies [J]. Proceedings of the national academy of sciences of the United States of America, 2003, 100: 8080 - 8085.

[70] BROCK W A. Tipping points, abrupt opinion changes, and punctuated policy change, in: Punctuated equilibrium and the dynamics of U. S. environmental policy [M]. REPETTO R ed. New Haven, Connecticut: Yale University Press, 2006.

[71] BROCK W A, CARPENTER S R, SCHEFFER M. Regime shifts, environmental signals, uncertainty and policy choice, in: A theoretical framework for analyzing social - ecological systems [M]. NORBERG J, CUMMING G ed. New York: Columbia University Press, 2005.

[72] HOLLING C S. Resilience and stability of ecological systems [J]. Annu. rev. ecol. system, 1973, 4: 1 -23.

[73] WALKER B, MEYERS A J. Thresholds in ecological and social – ecological systems: a developing database [J]. Ecol. soc. , 2004, 9: 3.

[74] WALKER B H, ANDERIES J M, KINZIG A P, et al. Exploring resilience in social – ecological systems through comparative studies and theory development: introduction to the special issue [J]. Ecol. soc. , 2006, 11: 12.

[75] LAMBIN E F, TURNER B L, GEIST H J, et al. The causes of land – use and land – cover change: moving beyond the myths [J]. Global environmental change, 2001, 11: 261 -269.

[76] CATTON W R J, DUNLAP R E. A new ecological paradigm for post – exuberant sociology [J]. Am. behav. scientist, 1980, 24: 15 -47.

[77] NORGAARD R B. Development betrayed: the end of progress and a coevolutionary revisioning of the future [M]. New York: Routledge, 1994.

[78] GUNDERSON L, HOLLING C S, LIGHT S S. Barriers and bridges to the renewal of ecosystems and institutions [M]. New York: Columbia University Press, 1995.

[79] MCGINNIS M D, OSTROM E. Social – ecological system framework: initial changes and continuing challenges [J]. Ecology and society, 2014, 19 (2): 30.

[80] CHHATRE A, AGRAWAL A. Forest commons and local enfforcement[J]. Proceedings of the national academy of sciences of the United States of America. 2008, 105:13286 -13291.

[81] WILSON J, YAN L, WILSON C. The precursors of govemance in the Maine lobster fishen[J]. Proceedings of the national academy of sciences of the United States of America, 2007, 104:15212.

[82] WADE R. Village Republics: economic conditions for collective ac-

tion in south india [M]. San Francisco: ICS, 1994.

[83] BERKES F, and FOLKE C, editors. Linking sociological and ecological systems: management practices and social mechanisms for bailding resilience [M]. New York: Cambridge University of Chicago Press, 1993.

[84] WILSON P N, THOMPSON G D. Economy Development Culture Change[M]. Chicago: University of Chicago Press, 1993.

[85] MWANGI E. Socioeconomic change and land use in Africa [M]. New York: Palgrave MacMillan, 2007.

[86] Ostrom E, COX M. Moving beyond panaceas: a multitiered diagnostic approach for social – ecological analysis[J]. Environmental conservation, 2010, 37(4):451 – 463.

[87] SCHLAGER E, BLOMQUIST W, TANG S Y. Mobile flows, storage, and self – organized institutions for governing common – pool resources[J]. Land economics, 1994, 70:294 – 317.

[88] BALAND J M, PLATTEAU J P. Halting degradation of natural resources [M]. New York: Oxford University Press, 2000.

[89] AGRAWAL A. Small Is Beautiful, but Is Larger Better? Forest Management Institutions in the Kumaon Himalaya, India[A]. GIBSON C C, MCKEAN M A, OSTROM E, Eds. People and Forests: Communities, Institutions, and Governance[M]. Cambridge: MIT Press, 2000: 57 – 86.

[90] MEINZEN – DICK R. Beyond panaceas in water institutions [J]. Proceedings of the national academy of sciences of the United States of America, 2007, 104:15200.

[91] TRAWICK P B. Successfully governing the commons: principles of social organization in an andean irrigation system[J]. Human ecology, 2001, 29:1.

[92] OSTROM E. Understanding institutional diversity [M]. Princeton,

NJ: Princeton University Press, 2005.

[93] BERKERS F, FOLKE C, Eds. Linking social and ecological systems [M]. Cambridge: Cambridge University Press, 1998.

[94] BRANDER J A, TAYLOR M S. The simple economics of easter island: a ricardo - malthus model of renewable resource use[J]. American economic review ,1998, 88:119.

[95] National Research Council. The drama of the commons [M]. Washington: National Academies Press, 2002.

[96] OSTROM E. Beyond markets and states: polycentric governance of complex economic systems [J]. American economic review, 2010, 100(3): 641-672.

[97]BASURTO X. How locally designed access and use controls can prevent the tragedy of the commons in a Mexican small - scale fishing community [J]. Society & natural resources ,2005, 18(7): 643-659.

[98] NAGENDRA H. Drivers of reforestation in human - dominated forests [J]. Proceedings of the national academy of sciences of the United States of America 2007, 104:15218-15223.

[99] BERKES F, HUGHES T P, STENECK R S, et al. Globalization, roving bandits, and marine resources [J] Science, 2006, 311, 5767: 1557-1558.

[100] JANSSEN A. Complexity and ecosystem management [M]. Cheltenham: Edward Elgar, 2002.

[101] NORBERG J, CUMMING G, Eds. Complexity theory for a sustainable future [M]. New York: Columbia University. Press, 2008.

[102] LEVIN S A. The problem of pattern and scale in ecology: the Robert H[J]. MacArthur Award Lecture. Ecology,1992, 73(6): 1943-1967.

[103]DIETZ T, OSTROM E, STERN P. The struggle to govern the com-

mons[J]. Science,2003, 302:1907.

[104] OSTROM E, NAGENDAR H[J]. Proceedings of the national academy of sciences of the United States of America,2006, 103:19224.

[105] BOWIE S N. The moral obligations of multinational corporations, in: Problems of international justice [M]. LUPER – FOY S ed. Boulder Westview Press, Boulder, CO, 1988.

[106] STARIK M. Should trees have managerial standing? Toward stakeholder status for non – human nature [J]. Journal of business ethics, 1995,14: 207 –217.

[107] HUBACEK K, MAUERHOFER V. Future generations: economic, legal and institutional aspects [J]. Future, 2008, 40: 413 –423.

[108] HARE M, PAHL – WOSTL C. Stakeholder categorisation in participatory integrated assessment [J]. Integrated assessment, 2002, 3: 50 –62.

[109] EDEN C, AAKERMANN F. Making strategy: the journey of strategic management [M]. London: Sage Publications, 1998.

[110] DRYZEK J S, BEREJIKIAN J. Reconstructive democratic theory [J]. The American political science review, 1993, 87: 48 –60.

[111] JOHNSON N, LILJA N, ASHBY J A, et al. Practice of participatory research and gender analysis in natural resource management [J]. Natural resources forum, 2004, 28: 189 –200.

[112] LEWIS C. Managing conflicts in protected areas [M]. Gland: IUCN, 1996.

[113] WARNER M. "Consensus" participation: an example for protected areas planning [J]. Public administration and development, 1997, 17(4): 413 –432.

[114] MITCHELL B. Resource management and development [M]. Oxford: Oxford University Press, 1990.

[115] GRUMBINE R E. What is ecosystem management? [J]. Conservation biology, 1994, 8(1):27-38.

[116] MOOTE M A, MCALARANN M P, Chickering D K. Theory in practice: applying participatory democracy theory to public land planning [J]. Environmental management, 1997, 21(6): 877-889.

[117] MARGERUM R D. Integrated environmental management: the foundations for successful practice [J]. Environmental management, 1999, 24(2): 151-166.

[118] SHARMA R A. Co-management of protected areas in south asia with special reference to Bangladesh[J]. Asia-pacific journal of rural development, 2011, 21(1): 1-28.

[119] LIENERT J, SCHNETZER F, INGOLD K. Stakeholder analysis combined with social network analysis provides fine-grained insights into water infrastructure planning processes [J]. Journal of environmental management, 2013, 125: 134-148.

[120] ALEXANDER S M, ARMITAGE D, CHARLES A. Social networks and transitions to co-management in Jamaican Marine Reserves and small-scale fisheries [J]. Global environmental change, 2015, 35: 213-225.

[121] SAYLES J S, BAGGIO J A. Who collaborates and why: assessment and diagnostic of governance network integration for salmon restoration in Puget Sound, USA [J]. Journal of environmental management, 2017, 186: 64-78.

[122] CHEN H Y, HE L S, LI P, et al. Relationship of stakeholders in protected areas and tourism ecological compensation: a case study of Sanya Coral Reef National Nature Reserve in China [J]. Journal of resources and ecology, 2018, 9(2): 164-173.

[123] SAVERAGE G T, NIX T W, WHITEHEAD C J, et al. Strategies for assessing and managing organizational stakeholders [J]. Academy of manage-

ment executives, 1991, 5(2):65.

[124] CARROLL A B. Business & society: ethics and stakeholder management [M]. 3rd ed. Cincinnati, Ohio: South - Western College Publishing, 1996.

[125] UNESCO. Action plan for biosphere reserves [J]. Nature and resources, 1984, 20: 1 - 12.

[126] USHER M B. Wildlife conservation evaluation: attributes, criteria and values, in: Wildlife conservation evaluation [M]. USHER M B ed. London: Chapman and Hall, 1986.

[127] MARGULES C, USHER M B. Criteria used in assessing wildlife conservation potential: a review [J]. Biological conservation, 1981, 21: 79 - 109.

[128] WCED (World Commission on Environment and Development). Our common future [M]. Oxford: Oxford University Press, 1987.

[129] GREENWOOD D J, WHYTE W F, HARKAVY I. Participatory action research as a process and as a goal [J]. Human relations, 1993, 46: 175 - 192.

[130] MACNAUGHTEN P, JACOBS M. Public identification with sustainable development - investigating cultural barriers to participation [J]. Global environmental change: human and policy dimensions, 1997, 7: 5 -24.

[131] OKALI C, SUMBERG J, FARRINGTON J. Farmer participatory research [M]. London: Intermediate Technology Publications, 1994.

[132] WALLERSTIN N. Power between the evaluator and the community: research relationships within New Mexico's healthier communities [J]. Social science and medicine, 1999, 49: 39 - 53.

[133] NERI L, AGOSATINO A D, REGOLI A, et al. Evaluating dynamics of national economies through cluster analysis within the input - state - output

sustainability framework [J]. Ecological indicators, 2017, 72: 77 -90.

[134] HANSPACH J, HARTEL T, MILCU A I, et al. A holistic approach to studying social – ecological systems and its application to southern Transylvania [J]. Ecology and society, 2014, 19(4): 32.

[135] COOPER G S, DEARING J A. Modelling future safe and just operating spaces in regional social – ecological systems [J]. Science of the total environment, 2019, 651: 2105 – 2117.

[136] MUTYASIRA V, HOAG D, PENDELL D, et al. Assessing the relative sustainability of smallholder farming systems in Ethiopian highlands [J]. Agricultural systems, 2018, 167: 83 –91.

[137] STEPHENSON R L, PAUL S, WIBER M, et al. Evaluating and implementing social – ecological systems: a comprehensive approach to sustainable fisheries [J]. Fish and Fisheries, 2018,19: 853 –873.

[138] LESLIEA H M, BASURTO X, NENADOVIC M, et al. Operationalizing the social – ecological systems framework to assess sustainability [J]. Proceedings of the National Academy of sciences of America, 2015, 112(19): 5979 –5984.

[139] ORENSTEIN D E, SHACH – PINSLEY D. A comparative framework for assessing sustainability initiatives at the regional scale [J]. World development, 2017, 98: 245 –256.

[140] ESTOQUE R C, MURAYAMA Y. A worldwide country – based assessment of social – ecological status (c. 2010) using the social – ecological status index [J]. Ecological indicators, 2017, 72: 605 – 614.

[141] SPILLER M. Adaptive capacity indicators to assess sustainability of urban water systems – current application [J]. Science of the Total Environment, 2016, 569 –570: 751 –761.

[142] VOLLMER D, REGAN H M, ANDELMAN S J. Assessing the sus-

tainability of freshwater systems: a critical review of composite indicators [J]. Ambio, 2016, 45: 765-780.

[143] ALCAZAR P, ESPEJEL I, REYES-ORTA M, et al. Retrospective assessment as a tool for the management of sustainability in diversified farms [J]. Agroecology and sustainable food systems, 2020, 44:1, 30-53.

[144] BINDER C R, HINKEL J, BOTS P W G, et al. Comparison of frameworks for analyzing social-ecological systems [J]. Ecology and society, 2013, 18(4): 26.

[145] MCGINNIS M D, OSTROM E. Social-ecological system framework: initial changes and continuing challenges [J]. Ecology and society, 2014, 19(2): 30.

[146] REYERS B, FOLKE C, MOORE M L, et al. Social-ecological systems insights for navigating the dynamics of the anthropocene [J]. Annual review environment resources, 2018, 43: 267-289.

[147] PARTELOW S. A review of the social-ecological systems framework: applications, methods, modifications, and challenges [J]. Ecology and society, 2018, 23(4):36.

[148] BODIN Ö R, TENGÖ M. Disentangling intangible social-ecological systems [J]. Global environmental change, 2012, 22: 430-439.

[149] RISSMAN A R, GILLON S. Where are ecology and biodiversity in social-ecological systems research? A review of research methods and applied recommendations [J]. Conservation letters, 2017, 10(1): 86-93.

[150] SCHLUTER M, HAIDER L J, LADE S J, et al. Capturing emergent phenomena in social-ecological systems: an analytical framework [J]. Ecology and society, 2019, 24(3):11.

[151] PREISER R, BIGGS R, VOS A D, et al. Social-ecological systems as complex adaptive systems: organizing principles for advancing research

methods and approaches [J]. Ecology and society, 2018, 23(4):46.

[152] SCHLÜTER M, MULLER B, FRANK K. The potential of models and modeling for social – ecological systems research: the reference frame ModSES [J]. Ecology and society, 2019, 24(1): 31.

[153] BASURTO X, GELCICH S, OSTROM E. The social – ecological system framework as a knowledge classificatory system for benthic small – scale fisheries [J]. Global environmental change, 2013, 23: 1366 – 1380.

[154] BOTTO – BARRIOS D, SAAVEDRA – DIAZ L M. Assessment of Ostrom's social – ecological system framework for the comanagement of small – scale marine fisheries in Colombia: from local fishers' perspectives [J]. Ecology and society, 2020, 25(1): 12.

[155] ROBINSON B E, LI P, HOU X Y. Institutional change in social – ecological systems: the evolution of grassland management in Inner Mongolia [J]. Global environmental change, 2017, 47: 64 – 75.

[156] DRESSEL S, ERICSSON G, SANDSTROM C. Mapping social – ecological systems to understand the challenges underlying wildlife management [J]. Environmental science and policy, 2018, 84: 105 – 112.

[157] OKPARA U T, STRINGER L C, AKHTAR – SCHUSTER M, et al. A social – ecological systems approach is necessary to achieve land degradation neutrality [J]. Environmental science and policy, 2018, 89: 59 – 66.

[158] HOUBALLAH M, CORDONNIER T, MATHIAS J D. Which infrastructures for which forest function? Analyzing multifunctionality through the social – ecological system framework [J]. Ecology and society, 2020, 25(1): 22.

[159] FREY U J, COX M. Building a diagnostic ontology of social – ecological systems [J]. International journal of the commons, 2015, 9(2): 595 – 618.

[160] NAGEL B, PARTELOW S. A methodological guide for applying the

social – ecological system (SES) framework: a review of quantitative approaches [J]. Ecology and society, 2022, 27(4):39.

[161] HINKEL J, COX M E, SCHLUTER M, et al. A diagnostic procedure for applying the social – ecological systems framework in diverse cases [J]. Ecology and society, 2015, 20(1): 32.

[162] FREY U J. A synthesis of key factors for sustainability in social – ecological systems [J]. Sustain sci, 2017,12: 507 – 519.

[163] BASURTO X, GELCICH S, OSTROM E. The social – ecological system framework as a knowledge classificatory system for benthic small – scale fisheries [J]. Global environmental change, 2013, 23, 1366 – 1380.

[164] PATEL V, BIGGS E M, PAULI N, et al. Using a social – ecological system approach to enhance understanding of structural interconnectivities within the beekeeping industry for sustainable decision making [J]. Ecology and society, 2020, 25(2):24.

[165] JOHNSON T R, BEARD K, BRADY D C, et al. A social – ecological system framework for marine aquaculture research [J]. Sustainability. 2019, 11(9): 2522.

[166] CHEN M, LU D, ZHA L. The comprehensive evaluation of China's urbanization and effects on resources and environment [J]. Journal of geographical sciences, 2010. 20(1):17 – 30.

[167] 中华人民共和国生态环境部.2019 中国生态环境状况公报[EB/OL]. (2020 – 06 – 02)[2024 – 11 – 21]. http://www.mee.gov.cn/hjzl/sthjzk/zghjzkgb/202006/P020200602509464172096.pdf.

[168] 中华人民共和国生态环境部.2020 中国生态环境状况公报[EB/OL]. (2021 – 05 – 26)[2025 – 02 – 25]. https://www.mee.gov.cn/hjzl/sthjzk/zghjzkgb/202105/P020210526572756184785.pdf.

[169] 中华人民共和国生态环境部.2023 中国生态环境状况公报[EB/

OL]. (2024-06-05)[2025-02-25]. https://www.mee.gov.cn/hjzl/sthjzk/zghjzkgb/202406/P020240604551536165161.pdf.

[170] 环境保护部自然生态保护司. 全国自然保护区名录2014[M]. 北京:中国环境出版社,2015.

[171] 刘锐. 共同管理:中国自然保护区与周边社区和谐发展模式探讨[J]. 资源科学,2008,30(6):870-875.

[172] 刘静,苗鸿,郑华,等. 卧龙自然保护区与当地社区关系模式探讨[J]. 生态学报,2009,29(1):259-271.

[173] 中国共产党第十九届中央委员会第五次全体会议. 中共中央关于制定国民经济和社会发展第十四个五年规划和二〇三五年远景目标的建议[EB/OL]. (2020-11-03)[2020-11-21]. http://www.gov.cn/zhengce/2020-11/03/content_5556991.htm.

[174] 千年生态系统评估委员会. 生态系统与人类福祉:生物多样性报告[M]. 北京:中国环境科学出版社,2005.

[175] 侯海燕. 基于知识图谱的科学计量学进展研究[D]. 大连:大连理工大学,2006.

[176] 权佳,欧阳志云,徐卫华,等. 中国自然保护区管理有效性的现状评价与对策[J]. 应用生态学报,2009,20(7):1739-1746.

[177] 唐小平. 自然保护区分级管理模式及其有效性研究[J]. 北京林业大学学报(社会科学版),2012,11(4):44-48.

[178] 郭玉荣,范丁一,李国忠,等. 七星河国家级自然保护区管理有效性评价[J]. 东北林业大学学报,2012,40(8):121-125,129.

[179] 冯斌,李迪强,张于光,等. 自然保护区减缓和适应气候变化的管理有效性评估:以广西12个典型自然保护区为例[J]. 生物多样性,2020,28(8):1026-1035.

[180] 马建章. 关于加强和建立自然保护区的意见[J]. 野生动物保护与利用. 1979,1(2):9-13.

[181] 胡舜士. 关于自然保护和自然保护区[J]. 环境科学,1978,6(6):33-36.

[182] 董智勇. 用生态经济的原则指导自然保护区建设[J]. 野生动物,1987(1):3-5.

[183] 怀冰. 地质自然保护区区划和科学考察工作急待开展[J]. 水文地质工程地质,1985(3):63.

[184] 国家环境保护局,中国科学院植物研究所. 中国珍稀濒危保护植物名录[M]. 北京:科学出版社,1987.

[185] 张萍. 全国自然保护区学术讨论会[J]. 环境保护,1983(2):9.

[186] 水产资源繁殖保护条例[J]. 中国水产,1979(2):1-3.

[187] 中华人民共和国海洋环境保护法[S]. 海洋环境科学,1982(2):1-5.

[188] 中华人民共和国森林法[S]. 中华人民共和国国务院公报,1984,(23):771-778.

[189] "七五"期间自然保护工作的主要任务[J]. 环境保护,1987(3):3-5.

[190] 张桂新. 有关我国自然保护区的几个政策性问题[J]. 林业经济,1987(1):34-38.

[191] 中华人民共和国草原法[S]. 中华人民共和国国务院公报,1985(18):579-582.

[192] 中华人民共和国矿产资源法[S]. 中华人民共和国国务院公报,1986(8):195-202.

[193] 中华人民共和国土地管理法[S]. 中华人民共和国国务院公报,1986(17):531-539.

[194] 中华人民共和国渔业法[S]. 中华人民共和国国务院公报,1986(2):35-40.

[195] 中华人民共和国野生动物保护法[S]. 中华人民共和国国务院公

报,1988(24):771-778.

[196] 野生药材资源保护管理条例[S]. 中华人民共和国国务院公报,1987(26):851-853.

[197] 中华人民共和国野生植物保护条例[S]. 中华人民共和国国务院公报,1996(30):1178-1183.

[198] 慧中. 我国历年发表的森林资源数据简析[J]. 林业资源管理,1980(2):19-21.

[199] 中华人民共和国环境保护部. 1996中国环境状况公报[EB/OL]. (1997-06-04)[2024-12-12]. https://www.mee.gov.cn/hjzl/sthjzk/zghjzkgb/201605/P020160526549917367367.pdf.

[200] 中华人民共和国环境保护法[S]. 中华人民共和国国务院公报,1989(26):941-948.

[201] 王献溥. 自然保护区简介(九)立法在自然保护区管理中的作用[J]. 植物杂志,1989(1):8-9.

[202] 中华人民共和国自然保护区条例[S]. 中华人民共和国国务院公报,1994(24):991-998.

[203] 国家土地管理局. 自然保护区土地管理办法[J]. 北京房地产,1996(5):9-10.

[204] 全国《自然保护区区划》[J]. 农业区划,1985(6):42.

[205] 林业部. 森林和野生动物类型自然保护区管理办法[EB/OL]. (1985-07-06)[2024-12-12]. https://www.forestry.gov.cn/search/300051.

[206] 国家海洋局. 关于发布《海洋自然保护区管理办法》的通知(国海法发[1995]251号)[EB/OL]. (2009-09-01)[2024-12-12]. https://gc.mnr.gov.cn/201807/t20180710_2079947.html.

[207] 国家环保局. 中国自然保护区发展规划纲要(1996—2010年)[EB/OL]. (1997-12-24)[2024-12-12]. https://www.mee.gov.cn/gkml/zj/wj/200910/t20091022_171892.htm.

[208] 张为民.1998 中国环境统计年鉴[M].北京:中国统计出版社,1998.

[209] 中华人民共和国环境保护部.1999 中国环境状况公报[EB/OL].(2000-06-01)[2024-12-12].https://www.mee.gov.cn/hjzl/sthjzk/zghjzkgb/201605/P020160526551374320882.pdf.

[210] 中华人民共和国统计局.中国统计年鉴 2005[M].北京:中国统计出版社,2005.

[211] 中华人民共和国环境保护部.关于进一步加强自然保护区管理工作的通知[EB/OL].(1998-08-04)[2024-12-12].https://www.mee.gov.cn/zcwj/gwywj/201811/t20181129_676363.shtml.

[212] 国家环保总局.关于进一步加强自然保护区建设和管理工作的通知[EB/OL].(2002-11-19)[2024-12-12].https://www.mee.gov.cn/gkml/zj/wj/200910/t20091022_172137.htm.

[213] 国家环保总局办公厅.关于自然保护区土地确权问题的复函[EB/OL].(2003-06-30)[2024-12-12].https://www.mee.gov.cn/gkml/zj/bgth/200910/t20091022_174071.htm.

[214] 国家环保总局办公厅.国家级自然保护区总体规划大纲[EB/OL].(2009-10-22)[2024-12-12].https://www.mee.gov.cn/gkml/zj/bgt/200910/t20091022_173789.htm.

[215] 国家环保总局.关于涉及自然保护区的开发建设项目环境管理工作有关问题的通知[EB/OL].(2003-06-26)[2024-12-12].https://www.mee.gov.cn/gkml/zj/wj/200910/t20091022_171932.htm.

[216] 风景名胜区条例[J].国家林业局公报,2006(4):9-14.

[217] 国家环保总局.自然保护区管护基础设施建设技术规范[EB/OL].(2003-10-01)[2024-12-12].https://www.mee.gov.cn/ywgz/fgbz/bz/bzwb/stzl/200310/t20031001_86681.shtml.

[218] 国家环保总局.关于加强涉及自然保护区、风景名胜区、文物保

护单位等环境敏感区影视拍摄和大型实景演艺活动管理的通知[EB/OL]. (2007-02-07)[2024-12-12]. https://www.mee.gov.cn/gkml/zj/wj/200910/t20091022_172453.htm.

[219] 国家环保总局办公厅. 关于印发《建立国家级自然保护区申报书》《国家级自然保护区功能区调整申报书》及《国家级自然保护区范围调整和更改名称申报书》的函[EB/OL]. (2004-04-05)[2024-12-12]. https://www.mee.gov.cn/gkml/zj/bgth/200910/t20091022_174108.htm.

[220] 国家环保总局办公厅. 关于印发《建立国家级自然保护区申报书》及《国家级自然保护区范围调整、功能区调整及更改名称申报书》的通知[EB/OL]. (2008-02-04)[2024-12-12]. https://www.mee.gov.cn/xxgk2018/xxgk/xzgfxwj/202301/t20230112_1012507.html.

[221] 国家林业局. 国家林业局关于进一步加强林业系统自然保护区管理工作的通知[EB/OL]. (2013-09-16)[2024-12-12]. https://www.forestry.gov.cn/c/www/gkgfxwj/300445.jhtml.

[222] 环境保护部办公厅. 涉及国家级自然保护区建设项目生态影响专题报告编制指南(试行)[EB/OL]. (2014-10-29)[2024-12-12]. https://www.mee.gov.cn/gkml/hbb/bgth/201411/t20141102_290979.htm.

[223] 国家环保总局. 国家级自然保护区评审委员会组织和工作制度[EB/OL]. (1999-03-22)[2024-12-12]. https://www.mee.gov.cn/stbh/zrbhq/gjjzrbhqps/201605/t20160522_342426_wap.htm.

[224] 国家环保总局. 国家级自然保护区评审标准[EB/OL]. (1999-04-15)[2024-12-12]. https://www.mee.gov.cn/stbh/zrbhq/gjjzrbhqps/201605/t20160522_342427_wap.shtml.

[225] 国务院. 全国生态环境保护纲要[EB/OL]. (2000-11-26)[2024-12-12]. https://www.gov.cn/gongbao/content/2001/content_61225.htm.

[226] 国家环保总局办公厅. 关于环保系统所属自然保护区开展管理工作评估的通知[EB/OL]. (2003-01-07)[2024-12-12]. https://

www. mee. cn/gkml/zj/bgt/200910/t20091022_173816. htm.

[227] 国家环保总局. 关于加强自然保护区管理有关问题的通知[EB/OL]. (2004-11-12)[2024-12-12]. https://www. mee. gov. cn/gkml/zj/bgt/200910/t20091022_173896. htm.

[228] 国家环保总局. 国家级自然保护区监督检查办法[EB/OL]. (2006-10-30)[2024-12-12]. https://www. gov. cn/ziliao/flfg/2006-10/30/content_427464. htm.

[229] 环境保护部办公厅. 自然保护区生态环境监察指南[EB/OL]. (2011-07-11)[2024-12-12]. https://www. mee. gov. cn/gkml/hbb/bgt/201107/t20110720_215170. htm.

[230] 国务院. 国家级自然保护区范围调整和功能区调整及更改名称管理规定[EB/OL]. (2002-01-29)[2024-12-12]. https://www. mee. gov. cn/ywgz/zrstbh/zrbhdjg/200201/t20020129_73378. shtml.

[231] 国家环保总局办公厅. 国家级自然保护区范围调整、功能区调整及更改名称管理规定[EB/OL]. (2008-02-04)[2024-12-12]. https://www. mee. cn/gkml/zj/bgth/200910/t20091022_174433. htm.

[232] 环境保护部办公厅. 关于印发《国家级自然保护区范围和功能区调整申报材料编制规范》的函[EB/OL]. (2012-03-31)[2024-12-12]. https://www. mee. gov. cn/gkml/hbb/bgth/201204/t20120409_225796. htm.

[233] 环境保护部办公厅. 国家级自然保护区调整管理规定的通知[EB/OL]. (2013-02 02)[2024-12-12]. https://www. gov. cn/gongbao/content/2014/content_2561295. htm.

[234] 国家环保总局. 5 处国家级自然保护区范围扩大[EB/OL]. (2003-10-09)[2024-12-23]. https://www. mee. gov. cn/gkml/sthjbgw/qt/200910/t20091023_179726. htm.

[235] 环境保护部. 环境保护部通告(对申请晋升和调整的国家级自然保护区进行公示)[EB/OL]. (2009-12-11)[2024-12-23]. https://

www.mee.gov.cn/gkml/hbb/bh/200912/t20091216_183055.htm.

[236] 环境保护部. 对申请晋升和调整的国家级自然保护区进行公示 [EB/OL]. (2011-01-04) [2024-12-23]. https://www.mee.gov.cn/gkml/hbb/bgg/201101/t20110114_199886.htm.

[237] 环境保护部. 对31处申请晋升和调整的国家级自然保护区进行公示 [EB/OL]. (2012-01-20) [2024-12-23]. https://www.mee.gov.cn/gkml/hbb/bgg/201201/t20120130_222967.htm.

[238] 环境保护部. 对内蒙古毕拉河等20处申请晋升和河北昌黎黄金海岸等11处申请调整的自然保护区进行公示 [EB/OL]. (2014-03-04) [2024-12-23]. https://www.mee.gov.cn/ywgz/zrstbh/zrbhdjg/201403/t20140303_268680.shtml.

[239] 环境保护部. 关于对黑龙江黑瞎子岛等16处申请晋升和河北小五台山等9处申请调整的自然保护区有关情况进行公示 [EB/OL]. (2016-01-22) [2024-12-23]. https://www.mee.gov.cn/ywgz/zrstbh/zrbhdjg/201601/t20160122_326781.shtml.

[240] 环境保护部. 对辽宁五花顶等7处申请晋升和内蒙古大黑山等8处申请调整的自然保护区进行公示 [EB/OL]. (2017-05-27) [2024-12-24]. https://www.mee.gov.cn/ywgz/zrstbh/zrbhdjg/201705/t20170527_414919.shtml.

[241] 环境保护部. 关于云南白马雪山国家级自然保护区和西藏珠穆朗玛峰国家级自然保护区调整情况的公示 [EB/OL]. (2017-11-27) [2024-12-24]. https://www.mee.gov.cn/ywgz/zrstbh/zrbhdjg/201711/t20171127_426971.shtml.

[242] 生态环境部. 关于黑龙江乌伊岭等3处国家级自然保护区调整情况的公示 [EB/OL]. (2018-04-19) [2024-12-24]. https://www.mee.gov.cn/ywgz/zrstbh/zrbhdjg/201804/t20180419_434949.shtml.

[243] 生态环境部. 对山西太宽河等5处申请晋升和吉林黄泥河等10

处申请调整的自然保护区进行公示[EB/OL].(2018-01-16)[2024-12-24]. https://www.mee.gov.cn/ywgz/zrstbh/zrbhdjg/201801/t20180116_429807.shtml.

[244] 国家环保总局. 全国环保系统国家级自然保护区的发展规划(1999—2030年)[EB/OL].(2009-04-09)[2024-12-24]. http://sthjt.jiangxi.gov.cn/art/2009/4/9/art_42207_2796924.html.

[245] 国家林业局. 全国林业自然保护区发展规划(2006—2030年)[EB/OL].(2007-09-25)[2024-12-24]. https://www.forestry.gov.cn/main/60/20070925/75.html.

[246] 国家林业局. 全国野生动植物保护及自然保护区建设工程总体规划[EB/OL].(2007-09-08)[2024-12-24]. https://www.ndrc.gov.cn/fggz/fzzlgh/gjjzxgh/200709/P020191104623257188277.pdf.

[247] 环境保护部. 2014中国环境状况公报[EB/OL].(2015-05-29)[2024-12-24]. https://www.mee.gov.cn/hjzl/sthjzk/zghjzkgb/201605/P020160526564730573906.pdf.

[248] 环境保护部自然生态保护司. 全国自然保护区名录2014[M]. 北京:中国环境出版社,2015.

[249] 环境保护部办公厅. 关于约谈甘肃祁连山国家级自然保护区有关问题的通知[EB/OL].(2015-09-22)[2024-12-24]. https://www.mee.gov.cn/gkml/hbb/bgth/201509/t20150924_310338.htm.

[250] 环境保护部,国家发展和改革委员会,财政部,等. 关于进一步加强涉及自然保护区开发建设活动监督管理的通知[EB/OL].(2015-05-08)[2024-12-24]. https://www.mee.gov.cn/gkml/hbb/bwj/201505/t20150518_301835.htm.

[251] 环境保护部. 关于下放和取消自然保护区有关事前审查事项做好监督管理工作的通知[EB/OL].(2015-07-14)[2024-12-24]. https://www.mee.gov.cn/gkml/hbb/bwj/201507/t20150722_307010.htm.

[252] 环境保护部办公厅. 2016年12月关于2016年国家级自然保护区遥感监测有关情况的通报[EB/OL]. (2016-02-02)[2024-12-24]. https://www.mee.gov.cn/gkml/hbb/bgt/201612/t20161206_368610.htm.

[253] 环境保护部,国土资源部,水利部,等. 关于联合开展"绿盾2017"国家级自然保护区监督检查专项行动的通知[EB/OL]. (2017-07-11)[2024-12-24]. https://www.mee.gov.cn/gkml/hbb/bh/201707/t20170721_418304.htm.

[254] 环境保护部. 自然保护区管理评估规范[EB/OL]. (2018-03-01)[2024-12-24]. https://www.mee.gov.cn/ywgz/fgbz/bz/bzwb/stzl/201712/t20171229_428915.shtml.

[255] 环境保护部. 关于联合开展"绿盾2018"自然保护区监督检查专项行动的通知[EB/OL]. (2018-03-01)[2024-12-24]. https://www.mee.gov.cn/ywgz/fgbz/bz/bzwb/stzl/201712/t20171229_428915.shtml.

[256] 生态环境部. 自然保护地生态环境监管工作暂行办法[EB/OL]. (2020-12-21)[2024-12-24]. https://www.mee.gov.cn/xxgk2018/xxgk/xxgk03/202012/t20201222_814322.html.

[257] 国家林业和草原局. 关于委托实施建设项目使用林地、草原及在森林和野生动物类型国家级自然保护区建设行政许可[EB/OL]. (2021-01-29)[2024-12-24]. https://www.forestry.gov.cn/search/90191.

[258] 生态环境部. 关于发布国家生态环境标准《自然保护区生态环境保护成效评估标准（试行）》的公告[EB/OL]. (2021-11-16)[2024-12-24]. https://www.mee.gov.cn/xxgk2018/xxgk/xxgk01/202111/t20211119_961026.html.

[259] 生态环境部. 关于印发《关于国家级自然保护区生态环境问题整改销号的指导意见》的通知[EB/OL]. (2022-11-04)[2024-12-24]. https://www.mee.gov.cn/xxgk2018/xxgk/xxgk03/202211/t20221109_1004173.html.

[260] 党的十八届三中全会. 中共中央关于全面深化改革若干重大问

题的决定[EB/OL]. (2013-11-15)[2024-12-24]. https://www.gov.cn/zhengce/2013-11/15/content_5407874.htm.

[261] 中共中央,国务院. 生态文明体制改革总体方案[EB/OL]. (2015-09-12)[2024-12-24]. https://www.gov.cn/gongbao/content/2015/content_2941157.htm.

[262] 国家林业和草原局办公室. 国家林业和草原局办公室关于成立国家林业和草原局国家自然保护地专家委员会、国家级自然公园评审委员会的通知[EB/OL]. (2019-05-10)[2024-12-24]. https://www.forestry.gov.cn/c/www/gkzfwj/272279.jhtml.

[263] 中共中央办公厅,国务院办公厅. 中共中央办公厅 国务院办公厅印发《关于建立以国家公园为主体的自然保护地体系的指导意见》[EB/OL]. (2019-06-26)[2024-12-24]. https://www.gov.cn/zhengce/2019-06/26/content_5403497.htm.

[264] 国家林业和草原局. 国家公园管理暂行办法[EB/OL]. (2022-06-10)[2024-12-24]. https://www.forestry.gov.cn/search/18368.

[265] 国家林业和草原局. 国家林草局关于印发《国家级自然公园管理办法(试行)》的通知[EB/OL]. (2023-10-10)[2024-12-24]. https://www.forestry.gov.cn/search/531688.

[266] 国家林业和草原局,国家发展改革委,财政部,等. 国家公园等自然保护地建设及野生动植物保护重大工程建设规划(2021—2035年)[EB/OL]. (2022-03-17)[2024-12-24]. https://www.forestry.gov.cn/main/5946/20220329/145426620539639.html.

[267] 国家林业和草原局,财政部,自然资源部,等.《国家公园空间布局方案》印发[EB/OL]. (2022-12-30)[2024-12-24]. https://www.forestry.gov.cn/search/531688.

[268] 生态环境部. 自然保护地生态环境调查与观测技术规范[EB/OL]. (2023-11-01)[2024-12-24]. https://www.mee.gov.cn/ywgz/fg-

bz/bz/bzwb/stzl/202309/t20230920_1041313.shtml.

[269] 财政部,国家林业和草原局. 国务院办公厅转发财政部、国家林草局(国家公园局)关于推进国家公园建设若干财政政策意见的通知[EB/OL]. (2022-09-29)[2024-12-24]. https://www.gov.cn/zhengce/zhengceku/2022-09/29/content_5713707.htm.

[270] 财政部,国家林业和草原局. 关于印发《国家公园资金绩效管理办法》的通知[EB/OL]. (2024-03-11)[2024-12-24]. https://www.gov.cn/zhengce/zhengceku/202403/content_6941523.htm.

[271] 国家环保总局. 关于《中华人民共和国自然保护区条例》有关条款具体应用问题的复函[EB/OL]. (2001-11-13)[2024-12-24]. https://www.mee.gov.cn/gkml/zj/jh/200910/t20091022_173225.htm.

[272] 田学文. 我国自然保护区增加[J]. 自然资源,1993(2):51.

[273] 生态环境部. 2001中国环境状况公报[EB/OL]. (2002-05-23)[2024-12-24]. https://www.mee.gov.cn/hjzl/sthjzk/zghjzkgb/201605/P020160526552473168912.pdf.

[274] 国家统计局. 中国统计年鉴2004[M]. 北京:中国统计出版社,2004.

[275] 国家统计局,生态环境部. 中国环境统计年鉴2023[M]. 北京:中国统计出版社,2023.

[276] 朱广庆. 我国自然保护区的历史发展与完善[J]. 中国生物圈保护区,1995(3):29-31.

[277] 张晓妮. 中国自然保护区及其社区管理模式研究[D]. 杨凌:西北农林科技大学,2012.

[278] 黄振管. 我国自然保护区的建设与发展[J]. 环境科学动态,1984(3):1-6.

[279] 施光孚. 我国的自然保护区[J]. 动物学杂志,1981(4):41-45.

[280] 光远. 中国的自然保护区[J]. 生物学通报,1987(4):19.

[281] 刘信中. 试论我国自然保护区分类系统[J]. 江西农业大学学报,1988(S1):43-46.

[282] 韩念勇,郭志芬. 全国自然保护区现状调查[J]. 环境保护,1994(11):43,46-47.

[283] 环境保护部. 1995 中国环境状况公报[EB/OL]. (1996-06-04)[2024-12-24]. https://www.mee.gov.cn/hjzl/sthjzk/zghjzkgb/201605/P020160526549598481474.pdf.

[284] 环境保护部. 1996 中国环境状况公报[EB/OL]. (1997-06-04)[2024-12-24]. https://www.mee.gov.cn/hjzl/sthjzk/zghjzkgb/201605/P020160526549917367367.pdf.

[285] 环境保护部. 1997 中国环境状况公报[EB/OL]. (1998-06-05)[2024-12-24]. https://www.mee.gov.cn/gkml/sthjbgw/qt/200910/W020091031555137374360.pdf.

[286] 环境保护部. 1999 中国环境状况公报[EB/OL]. (2000-06-01)[2024-12-24]. https://www.mee.gov.cn/hjzl/sthjzk/zghjzkgb/201605/P020160526551374320882.pdf.

[287] 环境保护部. 2000 中国环境状况公报[EB/OL]. (2001-06-05)[2024-12-24]. https://www.mee.gov.cn/gkml/sthjbgw/qt/200910/W020091031558582294247.pdf.

[288] 环境保护部. 2001 中国环境状况公报[EB/OL]. (2002-05-23)[2024-12-24]. https://www.mee.gov.cn/hjzl/sthjzk/zghjzkgb/201605/P020160526552473168912.pdf.

[289] 国家统计局. 中国统计年鉴 2003[M]. 北京:中国统计出版社,2003.

[290] 国家统计局. 中国统计年鉴 2006[M]. 北京:中国统计出版社,2006.

[291] 国家统计局. 中国统计年鉴 2007[M]. 北京:中国统计出版

社,2007.

[292] 国家统计局. 中国统计年鉴2008[M]. 北京:中国统计出版社,2008.

[293] 国家统计局. 中国统计年鉴2009[M]. 北京:中国统计出版社,2009.

[294] 国家统计局. 中国统计年鉴2010[M]. 北京:中国统计出版社,2010.

[295] 国家统计局. 中国统计年鉴2011[M]. 北京:中国统计出版社,2011.

[296] 国家统计局. 中国统计年鉴2012[M]. 北京:中国统计出版社,2012.

[297] 国家统计局. 中国统计年鉴2013[M]. 北京:中国统计出版社,2013.

[298] 国家统计局. 中国统计年鉴2014[M]. 北京:中国统计出版社,2014.

[299] 国家统计局. 中国统计年鉴2015[M]. 北京:中国统计出版社,2015.

[300] 国家统计局. 中国统计年鉴2016[M]. 北京:中国统计出版社,2016.

[301] 国家统计局. 中国统计年鉴2017[M]. 北京:中国统计出版社,2017.

[302] 国家统计局. 中国统计年鉴2018[M]. 北京:中国统计出版社,2018.

[303] 国家环保总局自然生态保护司. 全国自然保护区名录[M]. 北京:中国环境出版社,1998.

[304] 国家环保总局自然生态保护司. 全国自然保护区名录(2005)[M]. 北京:中国环境出版社,2006.

[305] 生态环境部自然生态保护司. 全国自然保护区名录(2018)[M]. 北京:中国环境出版社,2019.

[306] 宫同阳. 认真贯彻自然保护区会议精神[J]. 四川动物,1987(1):1-2.

[307] 苏杨. 中国西部自然保护区与周边社区协调发展的研究[J]. 农村生态环境,2004,20(1):6-10.

[308] 刘霞. 中国自然保护区社区共管模式研究[D]. 北京:北京林业大学,2011.

[309] 沈兴兴,许开鹏,曾贤刚,等. 我国国家级自然保护区治理模式转型研究:以东洞庭湖国家级自然保护区为例[J]. 环境保护,2015,43(23):43-48.

[310] 李艳慧. 基于利益相关者感知的自然保护区环境政策可持续性研究:以九寨沟为例[D]. 上海:上海师范大学,2016.

[311] 李顺利,黄松燕,周丕宁. 广西大明山保护区生物多样性保护利益相关群体分析和冲突管理[J]. 内蒙古林业调查设计,2014,37(4):13-15.

[312] 何思源,魏钰,苏杨,等. 基于扎根理论的社区参与国家公园建设与管理的机制研究[J]. 生态学报,2021,41(8):3021-3032.

[313] 何思源,苏杨,程红光,等. 国家公园利益相关者对生态系统价值认知的差异与管理对策:以武夷山国家公园体制试点区建设为例[J]. 北京林业大学学报(社会科学版),2019,18(1):93-102.

[314] 鲁小波,陈晓颖,王万山,等. 基于利益相关者的自然保护区生态旅游健康度评价方法[J]. 干旱区资源与环境,2017,31(7):189-194.

[315] 朱亚茹,高峻,邝振华,等. 基于参与式制图方法的景观服务评估与空间结构研究[J]. 地球信息科学学报,2020,22(5):1106-1119.

[316] 张业臣,张宏梅,虞虎. 基于游客感知的生态系统服务社会价值评估:以钱江源国家公园为例[J]. 旅游科学,2020,34(6):66-85.

[317] 刘军. 社会网络分析导论[M]. 北京:社会科学文献出版社,2004.

[318] 刘军. 整体网分析讲义[M]. 上海:格致出版社,2009.

[319] 刘静,苗鸿,欧阳志云,等. 自然保护区社区管理效果分析[J]. 生物多样性,2008,16(4):389-398.

[320] 牛文元. 中国可持续发展的理论与实践[J]. 中国科学院院刊,2012,27(3):280-289.

[321] 娄伟,李萌. 基于SEE-2R模型的可再生能源开发的可持续性评价[J]. 中国人口·资源与环境,2010,20(6):34-40.

[322] 崔勇,龙岳林. 基于结构方程模型的耕地可持续利用影响要素评价研究[J]. 江西农业学报,2020,32(12):126-135.

[323] 刘莉,汪丽娜. 基于熵权-正态云模型的水资源可持续性评价[J]. 华南师范大学学报(自然科学版),2020,52(1):77-84.

[324] 任腾,李姝萱,周忠宝,等. 基于满意度BLP-DEA的区域可持续发展系统效率评价研究[J]. 中国管理科学,2022,30(7):99-109.

[325] 王芳,姚崇怀. 基于利益相关者的郊野型风景名胜区可持续发展评价研究:以湖北省为例[J]. 自然资源学报,2014,29(7):1226-1234.

[326] 葛震远. 自然资源强力开发地区可持续发展研究:以河南省巩义市为例[D]. 福州:福建师范大学,2002.

[327] 谢高地,曹淑艳,冷允法. 中国可持续发展功能分区[J]. 资源科学,2012,34(9):1600-1610.

[328] 中国国际经济交流中心,美国哥伦比亚大学,阿里研究院. 可持续发展蓝皮书:中国可持续发展评价报告(2020)[M]. 北京:社会科学文献出版社,2020.

[329] 谢高地,甄霖,鲁春霞,等. 中国发展的可持续性状态与趋势:一个基于自然资源基础的评价[J]. 资源科学,2008,30(9):1349-1355.

[330] 黄茹莉. 基于系统演化视角的可持续性评价方法[J]. 生态学

报,2015,35(80):2712-2718.

[331] 杨洋,梅洁,何春阳,等. 基于弱 HSDI 与强 HSDI 的区域可持续性评价:以中国环渤海地区为例[J]. 自然资源学报,2019,34(6):1285-1295.

[332] 彭斯震,孙新章. 全球可持续发展报告:背景、进展与有关建议[J]. 中国人口·资源与环境,2014,24(12):1-5.

[333] 张依然,王仁卿,张建,等. 人工湿地评价一级指标可持续性指数及综合可持续性指数[J]. 生态学报,2012,32(15):4803-4810.

[334] 余敬,易顺林. 自然资源可持续发展模糊综合评价模型[J]. 技术经济与管理研究,2002,(4):48-49.

[335] 郝翠,李洪远,孟伟庆. 国内外可持续发展评价方法对比分析[J]. 中国人口·资源与环境,2010,12(1):161-166.

[336] 曹斌,林剑艺,崔胜辉. 可持续发展评价指标体系研究综述[J]. 环境科学与技术,2010,33(3):99-105,122.

[337] 谭江涛,章仁俊,王群. 奥斯特罗姆的社会生态系统可持续发展总体分析框架述评[J]. 科技进步与对策,2010,27(2):43-47.

[338] 王琦妍. 社会-生态系统概念性框架研究综述[J]. 中国人口·资源与环境,2011,21(3):440-443.

[339] 王羊,刘金龙,冯喆. 公共池塘资源可持续管理的理论框架[J]. 自然资源学报,2012,27(10):1797-1807.

[340] 马学成,巩杰,柳冬青,等. 社会生态系统研究态势:文献计量分析视角[J]. 地球科学进展,2018,33(4):435-444.

[341] 秦海波,李莉莉. 国外社会—生态系统耦合分析框架评介与比较研究[J]. 云南行政学院学报,2018,20(3):160-171.

[342] 杨子江,谢兵,何雄. 社会—生态系统视角下的中国国家公园可持续旅游新范式探索[J]. 四川师范大学学报(社会科学版),2020,47(4):65-71.

[343] 何思源,魏钰,苏杨,等. 保障国家公园体制试点区社区居民利益分享的公平与可持续性——基于社会-生态系统意义认知的研究[J]. 生态学,2020,40(7):2450-2462.

[344] 王洋,方创琳,王振波. 中国县域城镇化水平的综合评价及类型区划分[J]. 地理研究,2012,31(7):1305-1316.

[345] 王富喜,毛爱华,李赫龙,等. 基于熵值法的山东省城镇化质量测度及空间差异分析[J]. 地理科学,2013,33(11):1323-1329.

[346] 陈明星,陆大道,张华. 中国城市化水平的综合测度及其动力因子分析[J]. 地理学报,2009,64(4):387-398.

[347] 国家统计局. 国家统计局关于2019年国内生产总值(GDP)最终核实的公告[EB/OL]. (2020-12-30)[2024-12-24]. https://www.stats.gov.cn/sj/zxfb/202302/t20230203_1900950.html.

[348] 国家统计局. 国家统计局关于修订2023年国内生产总值数据的公告[EB/OL]. (2024-12-27)[2024-12-24]. https://www.stats.gov.cn/sj/zxfb/202412/t20241227_1957915.html.

[349] 科学技术部. 2014全国科技经费投入统计公报[EB/OL]. (2015-11-23)[2025-01-10]. https://www.sts.org.cn/html/TJZL/detail_1375.html.

[350] 科学技术部. 2023全国科技经费投入统计公报[EB/OL]. (2024-10-10)[2025-01-10]. https://www.sts.org.cn/html/TJZL/detail_2953.html.

[351] 国家统计局. 中国统计年鉴2021[M]. 北京:中国统计出版社,2021.

[352] 国家统计局. 中国统计年鉴2024[M]. 北京:中国统计出版社,2024.

[353] 环境保护部. 2023中国环境状况公报[EB/OL]. (2024-06-05)[2025-01-10]. https://www.mee.gov.cn/hjzl/sthjzk/zghjzkgb/

202406/P020240604551536165161. pdf.

[354] 环境保护部. 2014中国环境状况公报[EB/OL]. (2015-05-29)[2025-01-10]. https://www.mee.gov.cn/hjzl/sthjzk/zghjzkgb/201605/P020160526564730573906. pdf.

[355] 2020年度《中国水资源公报》[J]. 水资源开发与管理, 2021(8): 2.

[356] 2023年《中国水资源公报》发布[J]. 中国水能及电气化, 2024(7): 72.

[357] 水利部. 2014年中国水资源公报[EB/OL]. (2014-12-13)[2025-01-10]. http://www.mwr.gov.cn/sj/tjgb/szygb/201612/t20161222_776054. html.

[358] 水利部. 2016年中国水资源公报[EB/OL]. (2017-07-11)[2025-01-10]. http://www.mwr.gov.cn/sj/tjgb/szygb/201707/t20170711_955305. html.

[359] 水利部. 2017年中国水资源公报[EB/OL]. (2018-11-16)[2025-01-10]. http://www.mwr.gov.cn/sj/tjgb/szygb/201811/t20181116_1055003. html.

[360] 水利部. 2020年中国水资源公报[EB/OL]. (2021-07-09)[2025-01-10]. http://www.mwr.gov.cn/sj/tjgb/szygb/202107/t20210709_1528208. html.

[361] 水利部. 2023年中国水资源公报[EB/OL]. (2024-06-14)[2025-01-10]. http://www.mwr.gov.cn/sj/tjgb/szygb/202406/t20240614_1713318. html.

[362] 国家统计局. 中国统计年鉴2019[M]. 北京: 中国统计出版社, 2019.

[363] 杨华, 芮旸, 李炬霖, 等. 陕西省农业现代化水平时空特征及障碍因素[J]. 资源科学, 2020, 42(1): 172-183.

[364] 罗栋,李雨霞. 长江经济带旅游业高质量发展水平测度及障碍因子分析[J]. 湖南工业大学学报(社会科学版),2024,29(6):57-66.

[365] 中共中央文献研究室. 习近平关于全面建成小康社会论述摘编[M]. 北京:中共文献出版社,2016.

附录　老君山保护区利益相关群体关系的调查问卷

尊敬的受访者：

　　您好！本问卷是为研究老君山保护区中的利益相关者而进行的调查。请负担家庭收入的成年成员填写，问题包括受访者的基本信息（匿名）、与其他利益相关者的关系情况。

　　您填答的每个问题对本研究都十分重要，请您认真填写，谢谢！

2020 年 8 月

一、基本情况

1. 您填写问卷时所在地？（　　）

   A. 老君山保护区　　　　　B. 龙峪湾保护区
   C. 栾川县其他地区　　　　D. 洛阳市其他县区
   E. 河南省其他城市　　　　F. 其他省份
   G. 其他国家和地区

2. 您的年龄为：（　　）。

   A. 16~19 岁　　　　　　　B. 20~29 岁
   C. 30~39 岁　　　　　　　D. 40~49 岁
   E. 50~59 岁　　　　　　　F. 60 岁及以上

3. 您的月收入为：（　　）。

   A. 0~2000 元　　　　　　 B. 2001~4000 元
   C. 4001~6000 元　　　　　D. 6001~8000 元
   E. 8001~10000 元　　　　 F. 10000~15000 元

G. 15001~20000 元　　　　H. 20001~30000 元

I. 30001~50000 元　　　　J. 50000 元以上

4. 您常住（每年 6 个月以上）以下哪个地区？（　　）

　　A. 栾川县　　　　　　　B. 洛阳市其他县区

　　C. 河南省其他城市　　　D. 其他省份

　　E. 其他国家和地区

5. 您属于以下与老君山保护区有关联的哪个机构或群体？（可多选）（　　）

　　A. 老君山保护区管理局

　　B. 老君山风景区

　　C. 栾川县其他事业单位人员（如林业局、生态环境分局、水利局、文旅局、住房和城乡建设局、公安局、税务局、宗教局、市场监督管理局、产业集聚区等）

　　D. 个体营业者及员工（宾馆、超市、饭店等）

　　E. 道教协会工作人员

　　F. 游客

　　G. 大学及研究机构

　　H. 其他：_____

二、与其他群体之间的关系

6. 与您在保护区活动有关联的机构、群体和个人的名称（可简写）为（　　）。

　　A. 老君山保护区管理局

　　B. 老君山风景区

　　C. 栾川县其他事业单位人员

　　D. 个体营业者及员工

　　E. 游客

　　F. 道教协会工作人员

G. 大学及研究机构

H. 其他：_____

7. 您与这些机构、群体和个人的联系原因（可简写）为（   ）。

 A. 监督管理　　　　　　B. 旅游消费

 C. 宣传　　　　　　　　D. 经营服务

 E. 隶属关系　　　　　　F. 合作

 G. 其他：_____

8. 您与这些机构、群体和个人的联系频率为（   ）。

 A. 每天　　　　　　　　B. 每星期

 C. 每季度　　　　　　　D. 每年

9. 您与这些机构、群体和个人的联系程度（0~10代表从低到高）为（   ）。

 A. 0　　　　　　　　　B. 2.5

 C. 5　　　　　　　　　D. 7.5

 E. 10

注：有多个联系的群体、机构和个人，访问式在线问卷可实现重复填写6—9题。

三、当前参与保护区管理的情况

10. 您参与老君山保护区管理的情况如何？（   ）

 A. 没有参与过自然保护区组织的活动与管理决策的制定

 B. 参与过保护区组织的活动，但没有参与管理决策的制定

 C. 保护区部分征求了您的意见，但没有直接参与决策

 D. 参与过保护区管理决策制定的讨论

 E. 经常参与保护区管理决策的制定，能影响决策，并自发开展过保护行为，且能监督保护区的管理实施

11. 老君山保护区的利益相关者共管情况，您认为是以下哪个选项？（   ）

A. 不了解利益相关群体，没有开展利益相关者共管的活动

B. 有利益相关者的共同委员会或相应管理机构，但开展活动很少

C. 有利益相关者的共同委员会或相应管理机构，开展了会议等形式的利益相关者之间的沟通

D. 有利益相关者的共同委员会或相应管理机构，签订了共管协议，不定期开展公关活动或召开协调会议

E. 有利益相关者的共同委员会或相应管理机构，建立了共管计划，定期开展共管活动，取得了一定成效

12. 老君山保护区利益相关者之间的关系对当地环境、社会和经济发展的影响如何？（　　）

A. 利益相关者之间有大的利益冲突，产生了很强的负面影响

B. 利益相关者之间有局部利益冲突，不利于当地发展

C. 利益相关者之间没有什么关系，既没有损害当地发展，也没有带来利益

D. 利益相关者之间关系对当地发展有促进作用，但是影响程度不大

E. 利益相关者之间关系良好，有利于环境、社会和经济的共赢与可持续的发展

四、参与老君山保护区共管的意愿

13. 您是否愿意参与老君山保护区的共管？（如建立共管机构，参与会议、协商、决策制定、培训，监督和评估共管成效等），从左到右代表从低到高。（　　）

1. 非常不愿意　　2. 不愿意　　3. 一般　　4. 愿意　　5. 非常愿意